ウイスキーと風の味

佐藤茂生

共同文化社

余市

札幌のバー風景（THE NIKKA BAR）

一滴一滴で風味が変わる
ウイスキーづくりは
風の味づくりである

対峙する存在

ウイスキーと風の味　もくじ

第2章　風を呼び込む

第3章　風が変わる

第4章　ブレンドの価値

第5章　ブレンドとブレンダー

第6章　キーモルトの試み

第7章　ピートとウイスキー

第8章　ウイスキーを楽しむ

第9章　味わいの補足

第10章　ウイスキーと熟成

第11章　ウイスキーづくりの視点

第12章　ブレンダー生活点描

第13章　まとめ

創業時の余市蒸溜所のイラスト（写真提供：ニッカウヰスキー）

はじめに

竹鶴政孝の息子・威《たけし》は、回想録『ニッカウヰスキーと私』の中で、政孝がテレビ出演した時、「酒でも、食べ物でも、環境の影響を受けるものだ。どちらも良い空気を吸ってうまくなる。これぞ風の味である。そう、我々は風の味を作らなければならないのだ」と話していた、と記している。

スコットランドで、ウイスキーの勉強をした時、ウイスキーづくりを知れば知るほど、風土がつくるもの、いや風土そのものが、ウイスキーだということを知った。
ウイスキーづくりに恵まれた気候、風土は天からの恵みである。

『ウイスキーと私』(竹鶴政孝)

日本の風土ではどこだろうと模索した、創業者の夢があった。どこで、何故が、出発点となるウイスキーづくり。

ウイスキーをつくる仕事は、何年か先を目標にする気長な事業である。適した土地で、よい原酒をつくり時間をかけて育てる。

冷涼な北の風土を基本とするモルトウイスキーづくりが出発点となる。それが余市であり、仙台

余市蒸溜所（写真提供：ニッカウヰスキー）

仙台宮城峡蒸溜所（写真提供：ニッカウヰスキー）

宮城峡である。そしてブレンデッドウイスキーに必要な、カフェ式連続蒸溜機の導入である。時代が変わり、スコッチでも少なくなった非効率的な2塔式蒸溜機を、政孝は敢えて採用し、ブレンデッドウイスキーに独自性と差別化を図った。

政孝の言う「風の味をつくる」とは、ウイスキーづくりの境地を表現したものなのだろう。ブレンダーとして、ブレンドづくりに苦心していた時期、一滴、一滴で風味が変わる様子に、ウイスキーとはまさに風の味づくりだなと実感したことがあった。

その後に、政孝の「風の味」の逸話を知り、本当かと驚き、また納得した。

長年にわたりニッカウヰスキーのブレンダーとしてウイスキーづくりに携わった者から見て、風の味の背景になにがあるのか。特に過去60年にわたる日本のウイスキーの動向について、ニッカのウイスキーづくりと商品づくりを基本としてまとめてみようと試みたのが本書である。

成長期から成熟期を経て、減少期という激変の中で、高級化だけでなく、多様化して味わいの幅を広げていった。そして飲み手も、「モノ」だけでなく「コト」に関心を広げていく。そのあいだに「東洋の端の地酒から世界でも認められる酒」として、日本のウイスキーは評価される品質を創り上げていった。

その時代にニッカのブレンダーとして、竹鶴政孝の思想の引継ぎと発展を念頭に、模索してきた。その思いは、社員全員が共有していたと信じる。

1989（平成元）年の級別廃止によるウイスキー消費の激変の中でも、悲壮感は薄かった。手は打っているという確信から、いつ来るとも知れない風を静かに待つ。パニックの中での期待感である。

風の意味合いは異なるが、振り返ってみると、確かに色々な風が吹いていた。

自ら起こす風から始まり、洋風化のフォローの風、内外からの逆風、飲み手からのアゲインストとフォローの風。

その風を起こし、風を広げ、風に乗り、風を利用し、逆風に耐え、風向きを変える試みがある。そう捉えると、一貫した歴史が見えてくる。

品質の追求がベースにあり、時代の流れに対応しながら、形を変えて深化していったと言える。ウイスキーづくりとは、うまくいくかはわからない。しかし、やらなければ、何も生まれない。時間は稼げない。

伝承とは、信頼関係の積み重ね。しっかりとした背景を持つ、柔軟性のあるシナリオの展開である。10年の在庫で20年、30年の品質を組み立てていく。

これがブレンダーとしての基本的なスタンスであると考えてきた。

本書の構成について、若干の前置きをしておく。

第1章で、日本のウイスキー全体の流れとニッカの取り組みを概括した。成長期から成熟期、さらに減少期、そして再生期という流れを区分し、その中でニッカのウイスキーづくりの対応を紹介しながら時代の変遷をまとめてみた。

第2章は、級別廃止以降の消費の激減の中で新たな品質・市場づくり、そして家庭用の復活への取り組みをまとめた。そして飲み手の「ものからことへ」の意識変化に、マイウイスキーづくりで対応していったことを紹介する。

第3章は日本のウイスキーに対する市場評価の見方について。2001年のベスト・オブ・ザベスト審査会で、余市シングルカスク10年が最高得点を取ったことの反響は想像以上に大きく、日本のウイスキーの品質が世界的に認められるきっかけとなった。潜在から顕在に変わった点から考察した。

第4章と第5章はブレンドとブレンダーに特化してまとめた。ブレンドの役割について、品質と時間の観点から考察した。第6章、第7章ではキーモルト発想のものづくりと、日頃考えてきたピートの魅力を記した。

竹鶴政孝とリタ

第8章、第9章で、ウイスキーの楽しみ方をまとめ、第10章は樽熟成について理解を進めた。そして第11章、第12章で、視点と履歴として風をまとめた。
本書は私のウイスキーづくりの、いわば余滴である。読者の記憶において、しばし残り香となれば、これにすぎる喜びはない。

札幌のバー風景（THE NIKKA BAR）

第1章　時代と風向き

過去60年にわたる日本のウイスキーの発展と消費動向を概括し、エポック（時代区分）[*]ごとにニッカの主要な商品開発の意図や背景を提示して、時代の流れをまとめた。

〈＊時代区分は著者による〉

日本のウイスキーづくりと時代背景

市場は動いていく。飲み手の意識も動いていく。作り手はその動きに対応しながら、ウイスキーの存在性を追求していく。作り手として納得し、飲み手も納得する形が望ましい。

しかし時に想定外の外圧が来るのが、酒の宿命である。それを受容しながら、品質を追う。

日本のウイスキー市場の移り変わりについて、仮説として表1にまとめた。

また、年度別消費数量の推移をグラフ（図1）にした。次章以降、表1の各区分に沿って、商品づくりの話をすすめる。

イミテーションウイスキーからの脱却～日本のウイスキーの創業期

「洋酒」から始まった日本のウイスキー。そこには洋という言葉のもたらす新感覚がある。

表1　日本のウイスキーづくりと時代背景（ニッカ編）

①イミテーションウイスキーからの脱却

スコッチウイスキー技術の導入：竹鶴政孝留学　1918～1920

山崎 1924 年、余市 1934 年にモルトウイスキー蒸溜所　稼働

1940 年　本格ウイスキー　税法定義　貯蔵 3 年以上モルト 30％以上

級別差等課税制度導入　1943 年 4 月

②ウイスキーの大衆化　1950 年～

ニッカ　スペシャルブレンデッドウイスキー発売　1950 年 9 月

2、1、特級に変更

1953 年 3 月→2 級ウイスキー戦争　サントリー、ニッカ、オーシャン

③安くておいしい本格的ウイスキーの追求　1962 年

1964 年　39％ 2 級　ハイニッカ

1965 年　42％ 1 級　ブラック　カフェグレーン論争

④高級化による発展　1973 年～　特級が 2 級を超える

オールドの躍進、二本箸作戦

1983 年　全消費量のピーク

スーパー、リザーブに注力

⑤特級市場の縮小と多様化　1984 年～

増税と値上げ、白物焼酎、チューハイ、缶ビール

オールドの激減、稀少化の希薄

ソフトドリンク化、ファースト化

ランクアップ、個別価値訴求品

さまざまなおいしさ提案

品質力アップ投資

⑥級別廃止とブランド価値の喪失　1989 年～

廉売によるスコッチのイメージダウン

家庭用市場の崩壊、業務市場の混迷、贈答市場の低迷

眠る原酒→熟成進行

⑦減税と市場の再構築　1997 年～

家庭用市場の復活

1000 円以下、BLC

モルト価値の注目

世界評価、SC 余市 10 年

RTD 感覚の波及、ハイボール

日本のウイスキーの始まりから現在までを 7 つに区分し、商品づくりの時代的動きを概括した。（著者仮説）

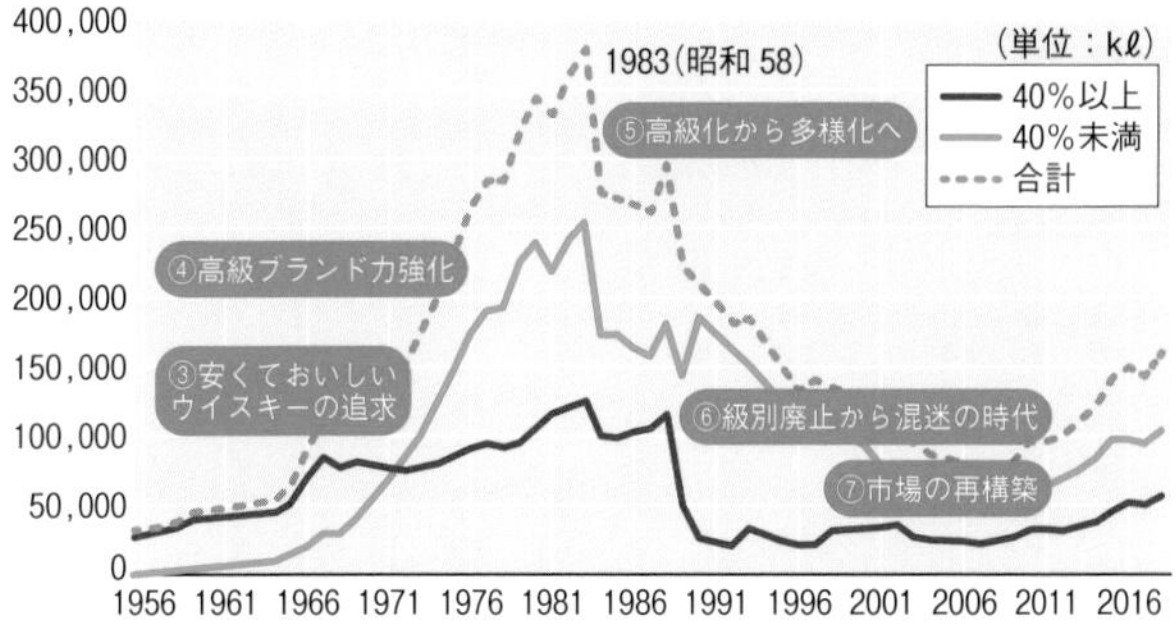

図１　日本のウイスキー消費数量推移

過去60年の年間消費数量をグラフにした。アルコール度数40度未満、40度以上、両者の合計量の3つで示した。1983年をピークとする、大きな増減変動を示している。

あこがれ、恰好よさを内在するスタイルがある。ハイカラという言葉も生まれた。

洋服、洋食、洋菓子などは和服、和食、和菓子と対比される言葉である。

洋酒とは明治維新後、西洋から入ってきた酒を、日本酒や焼酎、みりんなどの和酒と区別してつけられた総称である。

もともと洋酒という酒は存在しない。西洋との区分けをする風潮から生まれた名称である。作り手には洋酒をつくるという意識はない。ウイスキーはあくまでもウイスキーである。

明治維新前後から西洋の酒が本格的に入ってくる。ビール、ウイスキー、ブランデー、ウオッカ、ジン、ペパーミントやキュラソーなどのリキュール、これらを総称として洋酒と呼んだ。

これらの洋酒を参考に、アルコールに香味料を加えたイミテーションづくりが始まった。模造ウイスキーは１８７１（明治４）年が最初といわれている（『ウイスキー百科』福西英三)。

しかし模造は本物を求めて淘汰されていく。

ウイスキーもしかり。そして模造ウイスキーからの脱却を目指した先人の大きな目標の実現のために、スコッチウイスキーをモデルとして挑戦していくことになる。

そこにウイスキーの創業に賭ける意気込みと夢が膨らんでいく。

それは摂津酒造社長の阿部喜兵衛の決断のもと、本物のウイスキーをつくるべきだという構想を実現させるために、1918年に竹鶴政孝が社命で単身スコットランドに留学し、蒸溜所での実習を通して、ウイスキーの製造技術を習得したことに端を発する。

1920年に帰国した政孝は、留学中の実習の克明な記録を実習報告書として阿部喜兵衛に提出した。この報告書を基礎として、日本のウイスキーはスタートを切ることになった。

しかし政孝の摂津酒造でのウイスキーづくりの夢は実現しなかった。日本の経済が第1次世界大戦後の大不況に陥り、摂津酒造もウイスキーに投資する余裕がないと判断したためである。失望の中、政孝はウイスキーづくりの夢を捨てることができず、摂津酒造を退社する。

夢の実現に向けて、その2年後、寿屋(現サントリー)の鳥井信治郎の要請を受けて、政孝は大阪府山崎に蒸溜所を建設した。工場をつくる場所について、ウイスキーには北海道が一番適していますとすすめたが、鳥井は「工場を皆さんに見てもらえないような商品は、これからは大きくなりまへん。大阪から近いところにどうしても建てたいのや」と言って聞き入れなかった(『ウイスキーと私』竹鶴政孝)。

10年後、政孝は寿屋を退社し、スコットランドと気候風土の類似する場所として、1934（昭和9）年、北海道余市に自分の理想とする蒸溜所を設立した。

そこには、ウイスキーとは単に蒸溜して終わるものではなく、さらに樽熟成による自然環境の影響を受けて出来上がっていくものだ（のちに政孝は、これを「風の味」と表現している）。作る場所が大事である。日本の風土ではどこだろうと模索した、創業者の夢があった。

鳥井信治郎は「売れなければ意味がない、売れるものが、いいウイスキーである」と考え、竹鶴政孝は「気に入らなければ、売ってもらわなくてもいい」と考えた。

どちらも正しいのだろう。あとは信念である。

これはまさにマーケットインとプロダクトアウト（市場か製品か）の対峙であり、日本のウイスキーの品質に力と幅（個性と柔軟性）を創り出す。

山崎と余市という全く違った風土から日本のウイスキーづくりが始まった。それ以降、山崎と余市を主たる軸として、日本のウイスキーが発展していくことになる。

もちろん、他社も参入してウイスキー市場の創業期に入る。

1940（昭和15）年になって酒税法に初めて、本格ウイスキーと並ウイスキーが規定された。そして単式蒸溜機で蒸溜し、樽で3年貯蔵したモルトウイスキー（モルト原酒）を30％以上混和したものを本格ウイスキーとした。価格設定を確実にするための措置といえる。

本格ウイスキーとして、サントリー、ニッカ、トミー、アドミラル、トムソン、キングの六銘柄が承認された。

ニッカは本格ウイスキーとして第1号「ニッカウヰスキー」を発売した。政孝は「原酒が若いため、ブレンドには苦心があった。しかし独立後、初めて世に問う作品として、会心とはいえないが、私にはやはり感激であった」と述べている（『ニッカ80年史』）。

◆ウイスキーの大衆化～ウイスキーとの面談

戦後間もない混乱の中で、ウイスキーもようやく級別の形が整い始め、大衆の酒として触れる機会が増える。

1950（昭和25）年に、貯蔵3年以上のモルトウイスキーを30％以上使用のものを1級、5～30％未満を2級、5％未満を3級とした。3級はモルトウイスキーがゼロでも可能であった。級別制度による市場づくりである。

政孝は原酒（モルトウイスキー）がゼロでも認められる3級など作らないと反対した。しかし3級市場が拡大していく中で、内外から3級ウイスキーをつくって欲しいという声に答えるために、合成香料やエッセンスを一切使用せず、5％ぎりぎりまで原酒を混和し、こだわりと意地を通す製品を1950年8月に発売した（スペシャルブレンドウイスキー、500㎖、37度、350円）。

1953（昭和28）年に級別が特級、1級、2級に格上げされた。ウイスキー原酒の最低貯蔵期間3年の撤廃も、同時に行われた。市場拡大への措置である。

この変更は疑問である。3年貯蔵の撤廃により、その後「日本のウイスキーはイミテーションではないか」との疑義を招いたのではないだろうか。（著者の私見である）

しかし実際には、ニッカはモルト原酒については3年未満で使うことはなく、3年以上で使っていたし、スコッチと対抗するためにも3年では熟成が不十分と判断して、使用原酒の貯蔵年数を高めていった。当時の政孝も、貯蔵年数規制をなくすことは反対だったようだ。

この頃からサントリー、ニッカ、オーシャンを中心とした2級ウイスキー競争が始まり、ウイスキー大衆化の時代を迎えることとなる。多くはアメリカナイズされて、ハイボールが人気で飲まれていた。

◈安くておいしい本格的ウイスキーの追求〜ウイスキーの日常化

1962（昭和37）年には、それまで雑酒の中の1品目であったウイスキーが、スピリッツ、リキュールとともに種類として独立した。いわゆる洋酒と呼ばれる酒が、格上げされたわけである。

ウイスキーでは、原酒比率は2級が10％未満、1級が10〜20％未満、特級20％以上に変わったが、まだ原酒がゼロでもつくることができた。その後も品質向上のために、級別の原酒比率規格は上がっていった。

1968（昭和43）年5月に、2級が原酒7〜13％未満、1級が13〜23％未満、特級が23％以上（30％以上で認可）と改正された。その結果、2級の原酒ゼロでもいいという規格が払拭された。

これでようやく、日本のウイスキーがイミテーションイメージから脱却したことになる。本格ウイスキーの制定された1940年から数えて28年目であった。この改正には、3年後に予想される洋酒の自由化に備えて、日本のウイスキーの品質を向上させるという意図が含まれていた。

モルト原酒の増産と多角化のため、ニッカは１９６９（昭和44）年に仙台に第二の蒸溜所を造った。サントリーも白州蒸溜所を１９７３年に造った。

さらに、１９７８（昭和53）年の改正では、２級が10～17％未満、１級が17～27％未満（認可は20％以上）、特級は27％以上（認可は30％以上）となった。原酒の比率を高めることで、日本のブレンデッドウイスキーの品質向上を図っていった。

このように日本のウイスキーはスコッチウイスキーにはない、ウイスキー原酒という規格をつくり、その使用比率で級別区分をつけることを基本として発展してきた。

酒税を基本とする区分だが、級別によって品質的、価格的にも差があるので、飲み手にとっては選択肢がわかりやすく選びやすかった。

１９７０年初頭までウイスキーの主流は２級ウイスキーであった。ウイスキーメーカーはその中で原酒混和率を上げるなど、安くておいしいウイスキーづくりに苦心し、大衆ウイスキーとしての魅力を確立してきた。それにより２級ウイスキーが多様化し（37％から39％主流に）、１級ウイスキーも40％から42％品に嗜好が変わった。

（講習会資料より）

(1)　39％２級ウイスキーの登場

１９６４（昭和39）年に、ニッカはアルコール度数が39％の２級ウイスキーとして、ハイニッカを５００円で発売した。それまでは37％が主体であったが、原酒混和

率のアップと39%による、1級品に匹敵する品質を図った商品である。
政孝の狙い通りに、その後39%が主流となって2級市場を伸ばしていった。

(2) カフェグレーン導入による1級市場への挑戦

1級市場では1965(昭和40)年に、ニッカが42%アルコールの「ブラックニッカ」を1000円で発売した。それまで1級は40%で売られていた。

ブラックニッカの特徴は、1962(昭和37)年にスコットランドから導入した、カフェ式連続蒸溜機でつくったカフェグレーンをブレンドしたものである。

それまでの単式蒸溜機で作るモルト原酒に希釈剤として無味無臭の一般的な原料用アルコールを混ぜるタイプから、本格的ブレンデッドウイスキーを目指し、モルトの相手方のグレーンに焦点を当てた画期的な商品である。

背景として、おいしいものを良心的な価格で、より多くの人に飲んでもらいたいという竹鶴の思想があった。

ブラックは新たなソフトウイスキーブームの火付け役となった。サントリーもクレストブランドを出し追随してきた。業界では1000円ウイスキー戦争として話題を呼んだ。

発売にあたり、竹鶴政孝は「カフェグレーンの

(写真提供:ニッカウヰスキー)

性格と言えば、以前から我が国においても使用されているポットスチルで作られるモルトウイスキーが、どちらかといえば、重厚で男性的なタイプであるのに比して、女性的ともいえるほどデリケートな優しさをその特徴としているといってよいだろう。このカフェグレーンを製造貯蔵して、モルトウイスキーに調合すれば、得も言われぬ香味豊かなブレンデッドウイスキーが作られるわけだ」と述べている。

モルトウイスキーを味のない、安いアルコールではなく、相手方として相応しい味を持つグレーンと混ぜることで、求めるブレンデッドウイスキーができる。

こうしてニッカは、竹鶴政孝の目指す、スコッチに対抗し得る本格的ウイスキーづくりを基盤として、新しい良心的な価格のおいしいウイスキーが実現した。

「よいものを安く出せば、消費者のみなさんに飲んでもらえるということを実証した」（政孝談）。飲み手も価格と品質に満足していたといえる。

例えばウイスキーの移出推定数量でみると、１９６５（昭和40）年では、42度品は前年比２６７％、39度品は１９９％と大きく伸びている。しかし１級クラスが２級クラスを量的に超えることはなかった。２級ウイスキーが大衆ウイスキーとして定着していたことの証である。

◈高級化による発展～高揚するウイスキー市場

ウイスキーも高級化の波に乗り、ステータス化してくる。

特級ウイスキーが業務店関係の高級化などをきっかけに、１級を超えて伸びてきた。その中で１

971（昭和46）年のスコッチウイスキーの自由化対策として、各社は特級商品を充実させた。サントリーは1969（昭和44）年にオールドのワンランク上の商品として、リザーブを発売した。ニッカは1968年にオールドの対抗品としてG＆Gを発売。さらに1970（昭和45）年に新スーパーニッカを発売し、シェアアップを図った。

特級市場は増幅し、1973（昭和48）年に特級ウイスキーの消費量が2級ウイスキーを抜いた。その後も勢いは止まらず伸び続け高級化が定着していく。

この市場はサントリーのオールドが圧倒的なシェアを取っており、二本箸作戦（寿司屋にもウイスキーを）など水割りによる和食との相性をアピールし、販売量を伸ばしていった。

1978（昭和53）年には、オールドの年間販売数量が1000万ケースを超えた。生活の洋風化や所得の増大などによるフォローの風で、特級市場は1983（昭和58）年まで増加を続けていた。

総量としてのウイスキー市場は、1962年に約5万kℓだったものが20年後に約38万kℓまで、実に7倍以上に成長した。ブレンデッドウイスキーによる高級化と水割りの普及が功を奏した時代であった。創業者の先見が高級化によって実を結んでいった。

◈特級市場の縮小と嗜好の多様化～ウイスキーの飽満化

高級化への慣れで隙間風が吹き始めた。

ウイスキーも増税値上げという外圧や、焼酎などの白物嗜好の影響を受けはじめる。高級化では

表2　ウイスキー、焼酎の販売量推移（単位：千kℓ）

	1980	1985	1986	1991
ウイスキー	360	293	233	186
焼酎甲類	146	367	287	340
焼酎乙類	92	226	205	248

対応できないウイスキー市場の変化の始まりである。

急激な拡大には必ず反動が現れる。

風向きがアゲンストに変わる。成長軸の限界である。

豊かさのシンボルとして特級ウイスキーも定番品的に家庭に入り、日常化していった。一方で、それは特別感が薄れていくことを示唆しているとも言える。

それに増税と値上げが逆風を煽る起点となる。

古来、酒は酒税に翻弄されてきた。確実に徴収できて、廃れることのない税源である。スコッチウイスキーは徴税を逃れるため密造をして樽に詰め、山中に隠したことが独特の樽熟成の味を造り出したとも言われている。偶然の産物だと。

風の味とみれば、それも納得できる逸話である。

消費量が伸びていく酒は格好の増税ターゲットになる。

日本のウイスキーにおいても、1978、1981年の増税と1980、1983年の値上げ、そして1984（昭和59）年の増税による値上げが続いた。その結果、次第に飲み手との間にすきま風が吹きだす。

価格が飲み手の許容値を超えたといえる。1974年と1984年の価格を比較すると、G&Gが1900円から3170円に、スーパーは3000円から3570円になった。

背景として、水割りで広がったウイスキーに対する憧れ感やシンボル感が次第に薄らいでいった。そして焼酎などの白物嗜好の高まる風が強くなっていった。

さらに缶ビールの普及、手軽さニーズへの意識変化がある。

ついに１９８３（昭和58）年をピークとして、翌年の１９８４年から、まず特級ウイスキー市場が大きく減少していく。しかし、一律の変化ではなく、一番売れ筋のクラスに異変が起こったことになる。

その減った分はどこに移ったのか。ウイスキー内の移動か、他の酒類への移行か。ウイスキー全体で減少しているので、やはり他の酒類への移行が大きいと判断される。それはウイスキーだけが特別だという意識が変わってきたことを意味する。

焼酎やチューハイの急激な浸透がそれの裏付けになる。焼酎の受容性拡大をねらう、減圧蒸溜の採用などによる飲みやすさへの品質挑戦が背景にある。

・多様化への挑戦

ウイスキー市場の減少傾向に歯止めをかけることはないのか。１９８４年から１９８８年までを成熟市場とみることもできる。やりようによって伸びる余地があった。

ウイスキーになにが求められるのか。それまでの、創業者の先見性だけではなく、新しい知恵を出す時代に入ったわけである。ウイスキーならではの魅力を改めて示すことが問われている。

その切り口はどこにあるか、ニッカではマーケ部が中心となり、生産部、ブレンダー室も加わり、侃々諤々《かんかんがくがく》探し始める。その結論は、従来の高級化から多様化という切り口で挑戦していくこと。それは単に級別という階層的なおいしさだけではなく、多層的なおいしさを提示することである。

そこで、「さまざまな　おいしさづくり」をキーワードとして、新たな、多様化の発想から新しい価値観の商品づくりを始めた。

その主要商品は、特級分野で、1984（昭和59）年発売した限定品の「シングルモルト北海道12年」、お手頃価格の「ピュアモルト（ブラックとレッド）」、1985年のウイスキーならではの樽出し感覚の高アルコールの「フロム・ザ・バレル」、1986年のモルト比率が高い逆転発想の「ザ・ブレンド　オブ　ニッカ」である。

1、2級クラスではニューブレンドタイプとして、ニューブレンドブラックとニューブレンドハイニッカを発売した。

さらに1990年にはニッカが独自に持つカフェスチルの機能を活かして、麦芽100％のブレンデッドウイスキーとして「オールモルト」を発売した。いずれもメーカーからのプロダクト・アウト（作り手優先）型提案の商品である。時代に合うマーケットイン（市場ニーズ優先）発想ではない。

飲み手にウイスキーの新たな品質の選択軸を提案し、色々味わって楽しんでもらう。そこからウイスキーの魅力を再認識してもらう。

ニッカとして、これらの商品による多彩な品質の提案によって市場の打開を図った。幸いこのような発想の商品づくりが市場で評価された。

その結果、特級市場の減少気配にも関わらず、スーパーニッカやキングスランドなども売上を伸ばした。特にスーパーニッカの躍進が大きかった。

ニッカとしては1988（昭和63）年までに増税値上げの影響を克服して、売上を伸ばした。それは日本のウイスキーづくりの中で、スコッチウイスキーのスタンダード、デラックス、プレミアムのようないわば縦型の高級化とは異なる横型の多様化という独自の道を開いたからといえる。

業界全体としても減少に歯止めがかかる傾向が見られた。1984年に28万4000kℓであったウイスキーの消費量は、1988年には29万6000kℓであった。

「酒類統計月報（1985年12月号）」の記事に、「特級ウイスキーでもニッカのピュアモルト、フロム・ザバレルなどの新製品が予想以上の反応があり、減少の底は脱し、やや薄日がさし始めた」という記述がある。

◆級別廃止による家庭用市場の崩壊とブランド価値の喪失〜ウイスキーの忘却化

1989（平成元）年、国産洋酒の消費構造が大変化した。それは新たな逆風の到来であり、暗闇とマグマ蓄積の時代であった。

4月の税制改正で過去30年余り続いた消費構造に、根本的な大変革が起こった。ECからの級別廃止と税率一本化の要求に対し、GATTの違反裁定を受け入れ、1989年4月に級別廃止が実施された。

その結果、酒税が平準化された。旧特級は大幅に酒税が下がったが、旧2級の酒税は大幅に上がった。小売価格がスーパーニッカでは3570円から2870円に、G&G黒が3020円から2230円にと大幅に値下がりした。一方酒税の平準化で旧2級のハイニッカは900円から1450円に一気に値上がった。

「酒類統計月報」(1990年4月号)は「旧特級ウイスキーが2桁増の116%、2級ウイスキーが増税により致命的なダメージを受けて42%に」と伝えている。

日本のウイスキーは級別による階層別品揃えで市場をつくってきた。特に大衆ウイスキーとしての2級ウイスキー市場が、ウイスキーの発展を支えてきた。

政孝の息子でニッカの2代目マスターブレンダーも務めた竹鶴威は「大衆ウイスキーは下級ウイスキーとしてよりも、酒の中の一つのカテゴリーとして伸びた。50年続けば独立した酒類として、世の中に存在位置ができるものである」と述べている。

安くておいしい本格的ウイスキーを目指し、安心して楽しんでもらうウイスキーとして市場をつくってきた。日本独自のウイスキーの世界をつくって発展させてきたわけである。

級別廃止によって、売り手も国も次のことを期待した。

①　旧特級品の価格が下がり、このクラスの商品の消費が増える。
②　スコッチウイスキーも同等に値下がりし、消費が増える。
③　2級の消費者は、新規規格設定の低価格のニュースピリッツに移行する。

しかし、いずれも業界の思惑とは逆に動き、全体として減少していった。ブランドの価値を読み違えていた。ウイスキーは安くなれば売れるという商品ではない。完全な市場の読み違いである。その結果、次のような現象を招いた。

・家庭用市場の崩壊

特に旧2級市場は壊滅状態に陥った。このクラスには1000円の壁が存在していた。飲み手の価格意識の壁である。ハイニッカが900円から一気に1450円になれば、ヘビードリンカーも離れる。

1988（昭和63）年に11万5000kℓあった旧2級市場が、翌1989年には5万kℓと激減した。その後も減少し、1996（平成8）年には2万kℓまで落ち込んだ。実に40年前の水準である。業界としては、この市場の復活が重い課題となった。

・特級市場におけるブランド価値の喪失

また旧特級市場では、並行輸入品の大幅な増加により、スコッチの急激な価格低下と混乱が起こった。結果として、スコッチのブランドイメージが落ち、ウイスキー全体の価値が大きく下がった。

さらに1992（平成4）年のバブル崩壊による業務、贈答市場でのウイスキー離れにより、旧特級市場の大幅な減少となった。そして缶物のビールやチューハイによる攻勢がウイスキーの減少を加速させた。

旧特級では1988年に18万1000kℓから1996年に10万8000kℓまで減少し、2008（平成20）年では2万8700kℓまでに激減していった。

また2006（平成18）年の酒類免許の完全自由化で、販売環境が大きく変わってしまった。対面販売の縮小とコンビニの参入である。週販管理（売上を1週間単位で判断する、悪いものは外されていく）では、ウイスキーは破綻する。

中身を説明する場がなくなり、飲み手も知る場が激減し、関心が薄くなってしまった。

以上、日本のウイスキーは、増税、級別廃止、嗜好変化などが重なり、1983（昭和58）年に40％以上クラスが25万4000kℓ、40％未満が12万5000kℓ、計37万9000kℓあった市場が、2008年には40％以上が2万8700kℓ、40％未満が3万700kℓ、計5万9400kℓまで減少した。実に6分の1以下への落ち込みとなった。これは1965（昭和40）年の総量6万5000kℓ以下である。43年前に戻ってしまったことになる。まさに壊滅という状況になったわけである。

各ウイスキーメーカーは、他の酒類や飲料に活路を探さなければ存続できなくなる。まさに先の見えない暗闇に入る。

ウイスキーづくりは実を結ぶには時間がかかる。

しかし、やらなければ何も生まれないということを実感することになる。ニッカは苦しい時代でも、作り分けによる品質強化に手を抜くことはなかった。

◈減税と市場の再構築〜ウイスキーの仕切り直し

復活はあるか？

アゲインストの颪の中でも、メーカーは創業者の遺志を引き継ぎ、つくり分け思想で、独自の品質を追求してきた。その積み重ねによって、２０００（平成12）年以降、日本のウイスキーが世界的に高い評価を獲得し続ける結果につながっている。

２００１（平成13）年2月にイギリスの『ウイスキーマガジン』を出版しているパラグラフ・パブリッシング社が主催した第1回世界の五大ウイスキーの鑑評会で、ニッカ余市のシングルカスク10年が最高得点を獲得し、ベスト・オブ・ザベストを獲得した。次点がサントリー響21年であった。

これが世界のウイスキー関係者やファンに驚きを与えた。

このことは日本のウイスキーの品質の確かさを実証する先駆けとして大きな役割を果たし、スコッチというブランドの牙城に大きな楔を打ち込んだことになった。ウイスキーづくりの基本である品質による楔である。

スコッチは業界の再編、合理化、省力化、コストダウンに注力した。このような対応は時代の流れであるが、品質の特徴が薄らいでいく嫌いになるようである。

日本のウイスキー業界は苦しくても、品質の向上、特化に注力した。

その結果、それ以降、色々な審査会で日本のウイスキーは軒並み高評価を獲得し、品質の高さを実証していった。

日本のウイスキーへの関心が高まり、需要も増える。復活の糸口は？

竹鶴政孝とリタの出会い

国内市場では、1997（平成9）年にウイスキーがようやく減税され、1000円以下で受け入れられる家庭用市場の復活の切り口ができたといえる。業界としてはこのチャンスを逃さず市場回復に取り組むことが求められる。

ニッカは満を期して「ブラックニッカ・クリアブレンド」を新発売した。ノンピートでつくったモルト原酒を使用する、ニッカの新たな飲みやすさを追求した商品である。

これが飲み手に受け入れられた。そしてこれをきっかけとして家庭用市場が回復してきた。

その結果、40％未満の市場は1998年から前年を上回ってきている。

しかし、さらなる総量としての市場の回復には時間がかかった。

それはハイボールという、古くて新しい飲み方が受け入れられ、ガスものが広がる爽快市場（著者私見）に参入し始めた2008（平成20）年からであった。

リタ　余市へ移住

40％以上は2009年にようやく前年超えになった。これはサントリーの角ハイボールによる爽快市場のへの参入効果である。
またトピックとして、2014（平成26）年の秋から2015年の春まで、NHKの連続テレビ小説として放映された「マッサン」が、大きな話題を起こした。
その結果、それまでウイスキーに全く関心がなかった主婦層の心を捉え、新たな裾野が広がった。

余市に住居を移して、一番よろこんだのはリタだった。気候や風景がスコットランドと似ており、特に朝、夕の感じがそっくりなのである。山にかかる靄を見ているうちに、故郷に帰った気になったらしい。

（『ウイスキーと私』竹鶴政孝）

余市蒸溜所への見学者が年間25万人（これでも非常に多い）程度だったのが、一気に90万人となり、案内のガイドさんなどはうれしいパニックとなった。

級別廃止はアゲインストの風であった。それに対しマッサンはフォローの風である。しかし、いずれもほどほどに吹いてくれるのが好ましい風である。

ウイスキーは売れたからといって、すぐに大量につくれる商品ではない。

一方で数量としてはまだ小さいが、モルトウイスキーに関心が高まり、新たな市場となっている。また世界からの品質評価も高く、輸出が大きく増えている。

さらに、ニッカが余市から始めたマイウイスキーづくりなど、ものからことに関心が広がった。そして日本の各地で多くのクラフトディステラリーが立ち上がり、ウイスキーの風景が変化している。

日本のウイスキーは海外の需要を含め、大手は原酒の増産に目を向けている。

マッサン効果
これまで全くウイスキーに興味関心のなかった人までを巻き込んだ「マッサン効果」はニッカウヰスキーだけでなく、国産ウイスキー全体を活性化させることにもつながっている。

WANDS
2015年1月号より

時代により風向きが変わる典型としてウイスキーがある。

1989年にECからの圧力もあり、ウイスキーの級別が廃止されたが、その後の市場の混乱と消費の激減は、まさに時代の流れに翻弄された事例として記憶されるべきである。

その混乱時期にも独自の品質つくりに手を抜かず、世界を目指したメーカーの姿勢と熱意が21世紀に入り、見事に花開いた。

本溜時点のつくり分けと熟成（時間）というウイスキーづくりの特性を辛抱強く積み重ねた結果である。

まさにマグマ蓄積からの脱出の始まりである。

まとめ

いかに飲まれてきたか　対応は
①　創業者の先見：高級化：量の追求
②　後継者の知恵：多様化：質の追求
③　暗闇とマグマの蓄積：世界に発信

第2章　風を呼び込む

本章では、１９８９年の級別廃止以降の取り組みについて述べる。著しく縮小していくウイスキー市場に歯止めを掛け、挽回を狙う時代である。それはいわばウイスキーの風を呼び込むための試行錯誤であった。

20年にわたる試練

１９８９年の級別廃止は日本のウイスキー市場を攪乱させた。創業者の意志を引き継いで積み重ねてきた、日本のウイスキーの根幹を崩す出来事であり、一つの酒文化が日本から消える危険性をはらんでいた。この後、消費量は２００８年まで減少し続けた。実に20年にわたる試練の連続であった。

日本のウイスキーは級別という独自の規格でウイスキー市場をつくり上げてきた。２級、１級、特級という階層別の品揃えは、価格的にも品質的にもわかりやすい選択の基準になっていた。作り手も級別に見合う品質づくりに知恵と工夫を重ねて、それぞれのおいしさを洗練させてきた。

それは、「安いからいい加減」という意味ではない。モルトを磨き、グレーンを磨き、ブレンドに工夫を凝らして発展させてきたのである。

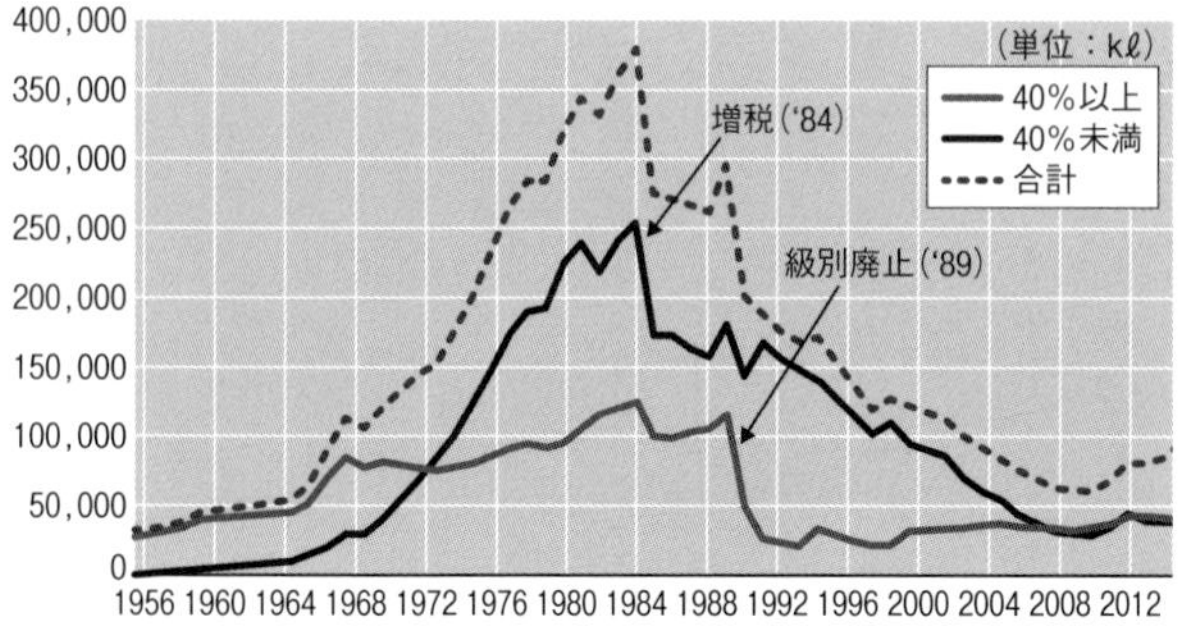

図1　ウイスキー消費量推移

しかし級別廃止によって、それまでの選択基準が一気になくなった。

さらに、並行輸入によるスコッチの安値による価格混乱などのイメージダウンが重なり、飲み手が離れていったのである。日本のウイスキーづくりは試練の時を迎えた。

◆冷え切った市場をどのように復活させるか

創業者が強い意志と情熱で育て上げ、その夢を引き継いだ後継者の努力が報われなくなり、日本のウイスキーを崩壊、いや全壊させかねない厳しい環境変化となった。

業界は国と協議し、低価格品としてニュースピリッツという規格をつくり、家庭用に対応しようとしたが、すぐに破綻した。ニッカはホワイトニッキー、ゴールドニッキーを出したが、受容性がなく終了した。

これは飲み手のウイスキーに対する認識を無視した結果である。

その後、容量変更、度数下げ、飲みやすさの追求などの商品を出して挽回を試みたが、スポット的効果に終わった。まさに自転車操業である。

1993（平成5）年にウイスキーの度数逓減税率が一部認められたことにより、ニッカを含む各社は水割りウイスキーを発売した。いかに水っぽさを出さないようにするかが、ブレンダーの設計課題となる。

水割りウイスキーは現在も売られており、一定の評価、市場をつくったが、規模は小さい。本丸を攻めないと復活しないことは明白であった。

そのような底の見えない低迷状態の中で、ブレンダーとしても何ができるか、何をすべきか、切り口を探した。

◆激減の中で、何ができるか

このような市場の混迷期は、冷静に見れば新たなチャンスでもあった。その機会をいかに読み取れるか、その算段はあるのか。

今まで欠けていたウイスキージャンルの構築が考えられる。

改めて品質の強みを持つ商品をつくることが考えられる。

次の三つの視点からの取り組みを計画していった。
① 品質のつくり分け
② 新たな市場づくり
③ 家庭用市場の復活

(1) 品質のつくり分け

政孝は品質第一を社是として、ウイスキーづくりに取り組んできた。それの継承とレベルの向上は、常に不可欠な課題である。

余市、宮城峡の複数蒸溜所とカフェスチルの導入は、政孝の品質向上とつくり分けの具体化である。

さらに日本のウイスキーづくりでできることは、スコッチにはない自社内のつくり分けである。自社の中で色々なタイプの原酒をつくり、製品の多様化を図っていくことが求められる。自社内に多くの蒸溜所を造り、いわば一つの小さなスコッチウイスキー業界を持つというような発想である。小さな蒸溜所を造り、品質の異なる原酒をブレンドに使うという考え方である。原料から貯蔵まで作り分け、発想で品質を多様にしていく。もちろん遮二無二にするわけではない。

余市は余市、宮城峡は宮城峡としての一貫性と納得性が品質力を高める。それは、それぞれの気候風土と合致する道を探すことである。

時には小さな発想から大樹が芽吹くことがある。思わぬ成果が出ることもある。

それが第1章で記した、2001年の余市シングルカスク10年による、ベスト・オブ・ザベストの受賞であった。

これは、まさに余市の気候風土が授けてくれた大きな贈り物である。人知だけでは成し得ない、余市だから成し得た樽熟成の完成品質である。

嗜好は個人ごとに違うはずで、絶対嗜好などはないと思っていた。しかし受賞した余市10年と同等の物を味わった人から、「自分の好みではない」という言葉を聞いたことがなかった。皆が好き、おいしいと言う。

特にある女性の言葉が記憶に残っている。彼女は余市蒸溜所に手紙を送り、その中にこう書いてくれた。「私はウイスキーに関心はなかったが、ウイスキー好きの父親が手に入れた余市10年を飲んでみた。そして、そのおいしさに非常に感動した。ウイスキーがこんなにおいしいとは思わなかった」と。

「ひょっとしたら、これが絶対嗜好なのか」と、こちらも別の意味で感動したことを覚えている。下準備は人間がするが、仕上げは自然の風がしてくれる。ただ、見極める力は必要である。

2000（平成12）年に発売した竹鶴ブランドのピュアモルトも、宮城峡のつくり分けで生まれた華やかなモルトを活用した。政孝の宮城峡にかけた別の思いが実を結んだ結果であり、宮城峡の醸すさわやかな風が育成してくれたようだ。

竹鶴という名前を使うことには、社内的に反発もあったが、市場は好意的に受け入れてくれた。

⑵ 新たな市場づくり

1990年後半からモルトウイスキー、特にシングルモルトに関心が高まってきた。さらに年数物との併用で、市場を強化していく段階に入った。

ウイスキーにとって、貯蔵原酒は単なる在庫ではない、夢をつくる〈財庫〉である。それを活かすことが求められる。

そのためには、残す力が決め手となる。これがブレンダーの重要な役割と考える。貯蔵原酒の鳥瞰（全体）と細分化（個々）から、次の芽を探し、具体化を図る。これが次の解決策につながる。

全体を見渡し、何が、いつ可能か、数量は……、こうしたことに目途をつけて、準備し、余市と宮城峡のシングルモルトの年数別品揃えをしていった。

それぞれ10、12、15、20年、そして希少品として25年も追加した。

(3)　マイウイスキーづくり

これは、モノからコトへの志向移行の先駆けである。

ニッカは1987（昭和62）年から、余市蒸溜所に来て、1泊2日の日程でウイスキーづくりを体験してもらう「マイウイスキーづくり」という企画を始めた。

最初はマスコミ関係者用に始めたが、その後一般の人を対象に参加者を応募した。旅費はすべて個人持ちなので、わざわざ余市まで来る人はそんなにいないだろう思っていたが、会を重ねるごとに希望者が増え、参加者選びは先着順から抽選スタイルに変わっていった。毎回20人の参加で、応募倍率も増えている。

毎回その日に蒸溜した原酒を一樽に詰め、鏡面に一同の名前を記載して終わる。そして10年後に熟成したものを受け取る夢を待つ、まさにウイスキーならではの夢の企画である。

10年後の年末、余市蒸溜所での贈呈式を行う。10年という時間の間に、人それぞれに色々な出来事があることだろう。それを乗り越えてどのように熟成しているか、参加の皆さんとウイスキーとの10年目のご対面となる。

まさに一樽一会の出会い。作り手は何十万樽の一つだと思ってしまうが、マイウイスキーの参加者には、その樽がすべて。まさに世界に一つのシングルカスクウイスキーである。当然、自分の樽が一番おいしくできている。

通常の製品は品質がばらつくことは許されない。しかし、カスクはばらつくことに価値がある。マイウイスキーづくりは、ブレンダーにばらつきという新たな価値を教えてくれた。樽熟成の本質そのものである。

いい加減ではなく、好い加減のばらつきである。

マイウイスキーづくりは宮城峡でも始まり、カスクの夢が二つに広がっている。

10年以上も毎年のように参加している人もおり、その熱意には頭が下がる。そのような人は当然、余市と宮城峡のマイウイスキーづくりに参加して、自分の年輪の記憶を残していく。

たとえば、一樽のマイウイスキーには、次のような願いが込められているのではないだろうか。

家族　親　長生きしてもらう
　　　子　20歳になって、一緒に飲む
　　　妻　二人で10年後元気にいられるために
仕事　あと10年頑張るために

仕事のストレスや落ち込んだ時、
あるいは退職して新しい職に就いた時の心の支えとして
記憶　自分の歴史として
命　10年間元気でいるために

自分の樽という意識の高さ、所有する喜び、毎年訪れて自分の樽に触れる安心感。これがモノからコトへの価値観の遷移である。

（講習会資料より）

(4) 家庭用市場の復活（1000円の壁）

家庭用市場には1000円という壁が存在していた。1000円以下でないと売れないことがはっきりしていた。しかし1989年の級別廃止によって、酒税がその壁をつくってしまった。結果として、1997年の新たな減税が行われ、1000円以下でつくれる状況になるまで、壁は崩せなかった。8年間の忍耐である。

級別廃止と増税で大衆ウイスキーが壊滅したことにより、ニッカだけでなく業界全体が萎縮してしまった。ブレンダーとしても動きの取れないジレンマの時代が続いた。いかなる復活の可能性があるか、模索が続いた。

ブレンダーは常に原酒の在庫全体を把握しながら、個別の原酒の使用状況を確認し、将来の動向を描いていく。

そこから次の製品の芽を探し、可能性を探り、提案していった。

◆ブラックニッカクリアブレンドに賭けた「大衆市場の復活」

家庭用市場の回復を何とか実現させたい。これは業界の大きな命題であった。ニッカとして、何とかこの課題をクリアできそうな素材は何か、ブレンダーとして模索した。

原酒の在庫を見渡すと、ノンピートモルト（原料の麦芽を乾燥させる時にピートを使わない）が見えてきた。

（写真提供：ニッカウヰスキー）

これは、ピートの燻蒸処理をしないスモーキーさのない麦芽でつくったモルト原酒。ニッカとしては新しい規格のノンピートモルトである。

ウイスキーに使う麦芽は、ピート燻蒸をする必要があるという決まりはない。メーカーとしては自由に選択できる。もちろん、できるモルト原酒の品質は違ってくる。原料コストはピート処理をする分高くなるため、ノンピート麦芽は安くなる。

スコッチウイスキー業界では、既に多くの蒸溜所は原料コスト低減のためにノンピート麦芽を使っていた。ピート由来の風味の変化には、アイラ島のヘビーピートウイスキーを購入してカバーできるという判断かもしれない。

ニッカはピート香を持つ麦芽にこだわっていた。

しかし、こだわりも固執になれば思考停止になる。スコッチ業界の動向も考慮して、原料購買部門からノンピート麦芽購入の相談がきた。「コストダウン策の一つとして採用したい。品質は変わるが、ブレンド力でカバーして欲しい」という。

それまではピート処理をした麦芽を大きくはライト、ミドル、ヘビーピートに振り分けてモルスター（モルト供給業者）から買っていた。

この時はあまり深く考えずに、コストダウンに役立つなら、少しくらいは既存のブレンドの中でこなせるだろうと、了解した。

ブレンダーが「ノー」というと、このような課題は止まってしまうことになる。

相手は熟慮した上での依頼であるはずだ。「ノー」はその後の成果の可能性をつぶしてしまう一言になる危険性がある。

ブレンダーは全能ではない。ブレンド部門の実務者である。いうまでもない。

実際、仕込んだ蒸溜後の本溜液はくせの少ない軽めのもので、従来とは違っていたが、購買継続を了承した。ブレンドに使うのはまだ先のことであり、ノンピート麦芽の購入量は原料部の判断にまかせていた。

この布石が光を放つ。

それまでのマーケ部の調査でも、市場ではくせのない、飲みやすいウイスキーに対する要望が強いことが出ていた。

ウイスキーでの飲みやすさとはなんだろう。そのキーになるものは何か。過去においても、飲みやすさを狙った商品を出したこともあったが、うまくいかなかった。小手先では駄目だということははっきりしていた。もっとはっきりした商品が必要であった。

そう言えば、ノンピートモルトがあるが、使えないか。こう発想を切り替えた。

毎年の積み重ねで、ノンピート品がかなり貯まってきた。これを新たな素材として独自に使えないか、検討を始めることにした。

熟成状況を見ながら、試作を繰り返していった。やはり狙いは家庭用であると決めていた。他のブレンダーには、しばらく使用しないよう方針を伝えた。

そのつもりであったが、あるブレンダーが別の商品に使う処方を組んできた。慌てて、これは使ってはだめと言って、使用を止めた。

あとからそのブレンダーは「先に言ってくれれば良かったのに」と、こぼしていたらしい。当たり前の話で、申し訳なかった。

ノンピートモルト原酒を、ニッカとして新たな飲みやすさを訴求する先陣の商品として使えないか試作していった。1997（平成9）年秋にウイスキーの減税が始まると知り、その準備にかかる。ノンピートモルトを使った1000円以下の家庭用ウイスキーの開発である。

伝統にこだわると見られているニッカとしては、相当な冒険であるが、ノンピートを謳った商品を試作した。

この商品の裏の狙いとして、カフェグレーンの稼働を高めることがあった。ブレンドウイスキーの低迷による、カフェスチルの生産の減少を食い止めたいということも含めた商品づくりである。

◈ときに自ら伝統を破る

設計処方がある程度固まってきたところで、減税の話が出てきた。1997年10月にウイスキーに大幅な減税することが決まった。その結果、1000円以下で家庭用ウイスキーが新たに出せることになった。

早速マーケ部から減税に対応する家庭用商品の種探しにやってくる。そこで、こちらからは検討していたノンピートモルトを使ったブレンド品を提案した。

最初は意外性に驚いた様子であった。まさか、ニッカのブレンダーからノンピートの話が出るとは。しかし、新しい切り口ということで、これで対応できるのではと、興味を示してくれた。

しかし、この提案は社内的には反対の意見が多かった。それまでニッカはピーティッドモルトを使って、程度の差はあるが、スモーキーフレバーを持つタイプの商品をつくっていた。それがいきなりノンピートということで、戸惑いと拒否反応が起こったわけである。

それは営業部門でも強かった。逆に考えればニッカの品質に対する自負が行き渡っているということである。全社的に一本筋が通っているわけである。

ノンピートを使うことはニッカとして大きな冒険であった。すべてをそうするわけではなく、一部トライしてみるということなのだが、ニッカの品質づくりの根幹を変えるとみなされることになる。しかしブレンダーとしても、どこかでこの課題をクリアにしておかなければならないと考えていた。

竹鶴政孝は本物づくり、品質第一を基本にしていた。しかし、パイオニア精神も忘れるなと言っていた。政孝自身、日本のウイスキーのパイオニアとして生涯を捧げたわけである。ブレンダーとして、新たな品質の道にチャレンジすることは必要だろう。

日頃からブレンダーに必要な能力は柔軟性であると考えていた。それは伝統の持つ意味を伝えながら、場合によっては自ら伝統を破ることである。

ブレンドはアートだと言われることがある。アートは自由がないと生まれない。時期をみて一歩でも外に踏み出すことで、新しい道が開ける。

ウイスキーでは、ブレンダーが品質面で役割を担う。

◈予想を上回る市場の反応

案の定、試作品の社内的な評判はよくなかった。ピート感のない味わいに、これはウイスキーではないという評価もあった。

しかし、しっかりと熟成させせたモルトを使った味わいには、ブレンダーとして自信があった。逆にそれだけ差別化されているということで、市場の評価が楽しみであった。

私には、酒の好きな姪がいる。しかしウイスキーは好きではなく、それまで飲まなかったという。上市後間もなく、ブラッククリアを勧めたところ、「これはおいしい、私でも飲める」と喜んでくれた。よし、これはいけると、内心ガッツポーズをしたことがあった。

ブランド名として、ハイニッカがらみか、ブラックがらみか議論されたが、結果として上のクラスのブラックを採用することとなった。飲みやすさを訴求するため、ブラックニッカクリアブレンドとして上市した。

当時マーケ部の開発担当者・遠藤徹の熱意が実り、ノンピートモルトを使った家庭用ウイスキーの発売が実現した。それからは売上がどうなるか、注目される。市場の受容性はどうだろう。

結果として市場に受け入れられた。ノンピートという意味がどれだけ伝わったかは疑問だが、予想以上に売上を伸ばしていった。社内の反対意見も収束することとなった。ブレンダーの首もつながって、ほっとした。

さらに全社的な取り組みが強化され、ボトルデザインもより洗練されてイメージアップした。発売5年後の２００２（平成14）年には、１１０万函を達成した。さらに２０１６（平成28）年には300万函を超えて伸びている。再建に少し光が見えてきた。

これによって、モルトやグレーンの増産と壜詰ラインの稼働率が上がり、社員に笑顔が増えてきた。

2009年以降、40％以上のクラスも量的な復活が見られてきた。サントリー角ハイボールの貢献である。全体的な底上げ基調になってきている。

ハイボールという古くて新しい飲み方の普及で、夏場や爽快市場の顧客にウイスキーに対する抵抗感が払拭された結果といえる。

◈ウイスキーの熟成力が日本の風土に定着

1989年の級別廃止から1997年の減税までは、ウイスキー市場の崩壊時代であった。まさに、仕切り直しである。

そのような中で、日本のウイスキーが2000年以降、世界的な高い評価を獲得してきたことは特筆される。各社とも逆境の環境変化に対応しながら、一方で地道に品質強化に注力してきた結果である。まさにウイスキーという酒の熟成力が、日本の風土に定着したとも言えるだろう。

現在は各地にクラフトディスティラリーが建設され、新たな活気がでてきている。

焼酎メーカーも、復活も含めて、こぞってトライを始めてきている。同じ蒸溜酒という観点からしてみれば違和感はないだろう。北と南の区分けも意味が薄れている。

各地で開かれているウイスキーフェスティバルは、老若男女で盛り上がっている。しばらくは、地域性と大衆性に葛藤があるだろうが、両者が融合することで、新たな納得感が生まれ、発展していくことになると信じる。

モルトはつくる背景を大事にする酒であり、ブレンドはつくる信頼性を大事にする酒である。

歴史から学ぶ知恵を大切にしたい。

ウイスキーとは
・大量生産に向かない製品　…量産には品質低下の危なさが伴う
・需要の増減に即応できない…原酒の確保には時間を要する
・事業規模の拡大は危険　…ウイスキー単独の事業規模には限界

日本のウイスキー産業史研究者　久保俊彦

第3章　風が変わる

スコッチなどのウイスキーに比べて、日本のウイスキーの歴史は浅い。世界でほとんど売られていなかった日本のウイスキーの評価に、どのような風が吹いてきたのかを考察する。

日本のウイスキーの評価

日本のウイスキーは、世界の五大ウイスキー（スコッチ、アメリカ、カナダ、アイルランド、ジャパニーズ）の一つだと言われるようになった。それは1960年代からのようである。

しかし、その価値が実際に世界の市場でどれだけ認められているのか不明であった。他の四大と言われるウイスキーに比べて歴史は浅く、世界でほとんど売られていない。

国内でも、メーカーとしては創業以来、品質の向上を第一にウイスキーづくりをやって、市場を確実に伸ばしてきたつもりであるが、どこまで品質が評価されてきたのか。バーカウンターの正面には、著名なあるいはレアなスコッチが並べられ、日本のウイスキーはカウンターの隅に並べられている程度。それを破るには何か大きなきっかけが必要であった。

世界のウイスキーファンに驚きを与える出来事が求められていたのだろう。

例えば後述するような、1976年のパリで起こったパリスの審判（Judgment of Paris）に匹敵

Judgment of Paris（パリスの審判）

1976年5月24日、パリのホテルでブラインドによるワインの試飲会が開かれた。用意されたのはフランスとアメリカ・カリフォルニアの赤と白、各10銘柄であった。審査は色、香り、味、バランスの4項目で、各5点、計20点満点で評価した。審査員はフランスのワインや料理業界の大物9名であり、誰もがフランスワインの勝利を疑わなかった。

しかし、審査の結果はカリフォルニアワインが、赤、白とも最高得点となった。とくに白は1、3、4位をカリフォルニアワインが占めた。この出来事は、取材した『タイム』誌の記者・テイバーの記事によって世界のワイン愛好家や生産者に広く知られるところとなった。また、イタリア、オーストラリア、南米など、世界各地のワイン生産者を刺激することにつながったとされる。カリフォルニアワインはこれをきっかけに世界的な知名度を得て、大きく発展するきっかけとなった。ギリシア神話の「パリスの審判」になぞらえて、こう呼ばれる。（参考文献『パリスの審判』ジョージ・M・テイバー著、葉山孝太郎・山本侑貴子訳、日経BP社）

するような出来事が。

◆ベスト・オブ・ザベストがもたらしたもの

1951年に、ウイスキーライターのS.H Hastieは、「かつて日本人がこの国に来て、我々のプラントのコピーをし、スペイサイドの人間をも雇った。そして飲めるけれども上質でないスペイサイドウィスキーの模造品を作った」と書いた。

それから50年、このような姿勢は無礼でえこひいきであり、明らかな誤りであると言うことができる。それは、日本のウイスキーが世界で最も優れたウイスキーに入るという単純な事実があるから。

日本のウイスキーは、余市モルトが2001（平成13）年のウイスキーマガジンのベスト・オブ・ザベストを獲得した後、ヨーロッパで多くの注目を浴びるようになった。その後、余市、山崎、白州のすべてがSMWS（スコッチモルトウィスキーソサエティ）で、ボトリングされている。

Hastie は日本のウイスキーの父と言われる、ニッカの創始者である竹鶴政孝のことを言っているのかもしれない。

政孝は1918年にスコットランドで長期の実習調査を行った。そしてスコットランドの女性と結婚した。北海道にある彼の余市蒸溜所は、スコットランドの蒸溜所をモデルにした。しかしそこでつくられるウイスキーは世界を打ち負かした。

Ian Buxton : Scotch Whisky Nov. 2007

※訳文は著者による

この記事のように、受賞が日本のウイスキーに対する世界の目を大きく変えるきっかけになったことは間違いない。

言うまでもなく、中身品質による結果であるということに意味がある。

国内ではバーテンダー業界などの見る目が変わったことが大きい。自信をもってすすめて貰えることに繋がったのだろう。カウンターの正面に置かれるようになった。

もちろん、ウイスキーに興味のある人に、大きな驚きと関心を惹いたはずである。欧米のウイスキーファンに日本のウイスキーに目を向かせる大きな機会となった。

これ以降も日本の各社のウイスキーが、世界の品評会で高い評価を受け続け、日本全体のウイスキーの品質の高さを実証している。

◆ブラインドによる評価

2001年2月、『ウイスキーマガジン』を出版しているイギリスのパラグラフ・パブリッシング社が、世界の五大ウイスキー（スコッチ、アイリッシュ、アメリカン、カナディアン、ジャパニーズウイスキー）を一同に集め、ブラインドで評価して、ベスト・オブ・ザベストを選ぶという世界で初めての企画を主催した。世界的にやや低迷するウイスキー市場に話題を提供し、活性化したいという真摯な取り組みであった。

もちろん、主催側として、スコッチの優秀性を改めてアピールできる結果になるはずだと想定しての企画だったと思う。まさか日本のウイスキーが最高得点を取り、ベスト・オブ・ザベストに選ばれるとは、世界のウイスキー愛好家は誰も考えなかっただろう。

結果として、ニッカの「余市シングルカスク10年」が最高点を取り、ベスト・オブ・ザベストを獲得した。さらに二番目は「サントリーの響21年」であった。

日本のウイスキーの品質の確かさが客観的に実証されたことになった。第1回目の結果であったことも、価値があるだろう。

これによって日本のウイスキーに対する海外の見る目が変わった。ウイスキーはスコッチだけではないぞという意識が生まれた。飲み手に安心感をもたらした。

さらに世界のどこでも、優れたウイスキーはつくれるという機運を生み出した。その後のクラフトウイスキーの広がりのひとつのきっかけとなった。

潜在的にはあった日本のウイスキーの評価が顕在化し、その波及効果を実感できた結果であった。

◈実際の審査方法

この審査会はエディンバラ、ケンタッキー、東京で同時に開催され、全審査員の採点を集計して評価された。

予備審査約300点の中から、評価の高いものが47品選ばれた。その中からベスト・オブ・ザベストを決める。日本のウイスキーも声を掛けられて参加した。

3か国（イギリス・アメリカ・日本）のウイスキー専門家計62名が審査員になった。最終的に選ばれた47種類のウイスキーは同じ組み合わせ、同じ順番、同じ採点方法で審査された。8フライトに分けられて、ブラインドで審査していく。

日本では専門パネルとして選ばれた16名が、同じ組み合わせ、同じ順序で審査していく。世界で初めての試みであるので、審査員も主催者側も緊張の中で進められた。

ニッカからは、私（佐藤）とチーフブレンダーの杉本が審査員として参加した。

審査が始まり、数回目に、余市シングルカスク10年が入ったグループではないかと認識したフライトとなった。

その時、ほかのパネラーが一様な反応をしたことを覚えている。しかも一人ではなく複数のパネラーが、一時的にざわざわする雰囲気を感じた。

どのような評価をするのか楽しみとなった。

日本だけでなく、イギリス、アメリカで同時開催された中での結果が持つ意味は大きい。各国の専門パネルが一様に高く評価した結果であるということだ。ウイスキーの評価基準が世界のパネル

1920年、竹鶴政孝はスコットランド人の花嫁とともに、強い熱意を持って故郷に戻った。その後80年経った今、彼の作ったブランドであるニッカは、世界最高と評価されるに至った。
（スコットランド・オン・サンデー）

素晴らしい風景と産業や技術革新の伝統を誇る国が、今度は世界で最高と公式に認められたモルトウィスキーを作り出した。
（デイリーメール紙）

世界最高得点を獲得し、ベスト・オブ・ザベストを受賞（講習会資料より）

も同じであるという認識ができたことも大きかった。

　その波及効果は予想以上に大きかったと言える。

　一番喜んだのは、社内であろう。品質のニッカを実感できる、客観的な裏付けができたわけで、自信を深めることになった。

　まさに風が変わる先鋒になった。

　政孝は品質がよければいい、わざわざ品評会に出す必要はないという姿勢であった。それに反する行為に、泉下で苦笑いしているかもしれない。

表1　日本のメーカー各社の受賞歴

2001年	シングルカスク余市10年ベスト・オブ・ザベスト
2002年	余市SMWS
2003年	山崎12年ISC金賞
2004年	響30年ISCトロフィー
2006年	竹鶴21年ISC金賞　響30年ISCトロフィー
2007年	竹鶴21年WWAワールドベスト　響30年WWAワールドベスト　響30年ISCトロフィー
2008年	余市1987WWAワールドベスト　響30年WWAワールドベスト　竹鶴21年ISC金賞　響30年ISCトロフィー　竹鶴17年ISC金賞　竹鶴12年ISC金賞　スーパーISC金賞
2009年	竹鶴21年WWAワールドベスト　竹鶴21年ISCトロフィー　余市15年ISC金賞　響17年ISC金賞
2010年	竹鶴21年WWAワールドベスト　響21年WWAワールドベスト　山崎1984 ISCシュープリームチャンピオン　竹鶴21年ISC金賞　山崎18年ISC金賞　余市15年ISC金賞　山崎12年ISC金賞　宮城峡12年ISC金賞　白州HP ISC金賞　響21年ISC金賞　響12年ISC金賞
2011年	竹鶴21年WWAワールドベスト　山崎1984 WWAワールドベスト　響21年WWAワールドベスト　余市1990年ISC金賞　山崎1984 ISC金賞　白州バーボンバレルISC金賞
2012年	竹鶴17年WWAワールドベスト　山崎25年WWAワールドベスト　山崎18年ISCトロフィー　白州25年ISCトロフィー　竹鶴21年ISC金賞　白州12年ISC金賞（BIC）　余市20年ISC金賞　白州シェリーISC金賞　鶴17年ISC金賞（BIC）　響21年ISC金賞（BIC）　バレルISC金賞（BIC）　響17年ISC金賞
2013年	マルスモルテージ3+25 WWAワールドベスト　響21年ISCトロフィー　カフェグレーンISC金賞　響12年ISC金賞　ニッカブレンデッドISC金賞　響17年ISC金賞（BIC）　バレルISC金賞（BIC）　響21年ISC金賞　鶴17年ISC金賞　山崎パンチョンISC金賞　宮城峡NA ISC金賞　白州ヘビーピーテッドISC金賞　宮城峡12年ISC金賞（BIC）　山崎ミズナラISC金賞　山崎18年ISC金賞（BIC）　白州18年ISC金賞　白州25年ISC金賞（BIC）
2014年	竹鶴17年WWAワールドベスト　響21年ISCトロフィー　竹鶴PM ISC金賞　響DEEP HARMONY ISC金賞　竹鶴21年ISC金賞　響MELLOW HARMONY ISC金賞　鶴17年ISC金賞　山崎18年ISC金賞　余市W & V12年ISC金賞　山崎ミズナラ2013 ISC金賞　宮城峡12年ISC金賞　山崎バーボンバレル2013 ISC金賞　PM白ISC金賞　白州25年ISC金賞　バレルISC金賞　白州18年ISC金賞　カフェモルトISC金賞　白州シェリー2014 ISC金賞
2015年	竹鶴17年WWAワールドベスト

第4章　ブレンドの価値

ウイスキーのブレンドは、単なる酒の混ぜ合わせではない。スコッチウイスキーの歴史から、ブレンドの価値を考察する。

ミックスとブレンド

ウイスキーでいうブレンド（blending）とはモルト（malt）とグレンスピリッツ（grain spirit）をミキシング（mixing）する工程をいう。すなわち、ブレンドするとは、モルトとグレンスピリッツを混合することである。

ブレンドの目的は単に特徴の少なく、安いグレンでモルトを薄めることではない。デラックスブレンドウイスキー（Deluxe blended whiskies）は通常、スタンダードものよりグレーンに対するモルトの比率が高い。

スコッチウイスキーの歴史では、1853年にEdinburgh Andrew Usher（エディンバラのアンドリュー　アッシャー）が初めて商業用のblended whiskyのUsher'sOVG（Old Vatted Glenlivet）を発売したが、その前から商売人や居酒屋が非公式にblendingをしていた。

Gavin D. Smith『Whisky A to Z』

ブレンドの効果として、安くするためと高くするための二面がある。

コストの安いグレンが開発された時、コストダウンのために高いモルトに混ぜて安くしようとするのは、必然であろう。これは安い方の取り組みである。それ以前には、ブランデーと混ぜたり、ジンに類するハーブ類で香味つけをしたりしていた。それはミックス（混合）である。なんでもありの混ぜ合わせであり、ウイスキーとしての歯止めのない酒となる。

ウイスキーはブレンド（混和）することで歯止め（モルトとグレンに限る）がかかり、独立性を確立していく。

さらに単なるコストダウンではなく、嗜好的に価値を生み出す切り口を見出して、ブレンドに磨きをかけていく。これが高い方の取り組みである。

そして、１８６０年代から発生したフィロキセラ害によるフランスのブランデーの品薄に代わるものとして、ブレンデッドウイスキーが選ばれ、大きく発展した。個性の強いモルトウイスキーに代わるものとして、飲みやすさを持つことが幸いしたのである。

◆ブレンドの不思議

(1) 単なる酒の混ぜ合わせ（mix）から混和（blend）に発展させた結果、世界の酒をつくり出した不思議

19世紀半ば、モルトウイスキーはスコットランド以外では未知の酒で、一般には重すぎる味わいだと考えられていた。

それゆえ、軽い特徴をつくりだすことのできる、モルトとグレンウイスキーのブレンドは従来のスコッチウイスキー市場を超えた販売につながる機会を与えた。

Gavin D. Smith『Whisky A to Z』

単式蒸溜でつくるモルトウイスキーと連続式蒸溜でつくるグレンウイスキーはいずれもジンスピリッツ用の酒としても売られていた。

そのためスコッチウイスキー業界では、ジン用の再蒸溜用アルコールとして競合するなど、当初は対立する酒とみなしていた。

そうした中で、重すぎるポットスチルモルトと軽すぎるパテントグレーンがお互いの欠点を補うブレンドの効果を活用できるという発想が広まり、モルトとグレンの業界に両立するものと捉える柔軟性が生まれてきた。

飲みやすさを創り出す技法として、ブレンドが力を発揮していった。

その結果、ブレンデッドウイスキーが大衆化とブランド化に成功し、市場が一気に拡がり、世界ブランドになっていった。背景にはビジネスとしてのブレンダー（販売専門業者）の役割があった。

(2) 世界共通の嗜好をブレンドで見つける不思議

スコッチが世界的に人気と名声を獲得したのは blended whisky のおかげである。スコッチのブレンデッドウイスキーがなければ、世界的な評価や人気が得られず、田舎酒産業に終わっていただろう。

Mackinley*

*(Mackinley：Scotch whisky writer Macmillan Scotch Whisky)

地酒のモルトウイスキーの品質を安定させ、洗練させる手法として、単一（シングル）でなく、多くを混ぜ合わせてまとまったものに仕上げる（バッティング）、さらにグレーンとの（ブレンド）により、軽さや飲みやすさという味わいの幅を広げて、多くの嗜好性に答えていく。

(3) モルトとグレーンという二つの素材を使い、ブレンドを通して無限性を作り出す不思議

蒸溜は科学、ブレンドは芸術と言わせる感性による見極めである。

*Samuel Bronfman

*(Samuel Bronfman: the founder of Seagram)

人の官能という感性による、数値ではない、信頼関係の共存がある。樽熟成、時間を待つ作り手と飲み手の信頼関係をブレンドが繋ぐ。

(4) 需要と在庫の変動のアンバランスをブレンドによって平準化し、安定的に継続していく不思議

ブレンドとはどういうことですか、樽ごとに異なるウイスキーをどのようにしてブレンドして品質を維持していくのですか。これはよく聞かれる質問である。

確かに、ウイスキーづくりの特徴として、樽熟成がある。

同種の樽でも、一樽として同じ品質のものはできない。リサイクルして熟成に使う樽の宿命であ

る。また熟成の時間差による違いがある。

樽熟成を活用するウイスキーは、ばらつくことが不可避な酒である。それではどうするか。当初は、樽ごとにそのまま壜詰めしていたようである。今でいうカスク販売であるが、品質がばらつき、評判は良くなかった。

そこで、いくつかの樽を混ぜ合わせることで品質を安定させることを1853年にアンドリュー・アッシャー（Andrew Usher）が試みた。それが市場で受け入れられ、ウイスキーに対する信用度が高まった。これがblendingの公式な始まりである。

製品の品質を安定させるために、幾つかの樽を混ぜ合わせることでばらつきを小さくする。それをRecipe（処方）として継続していく。

一旦処方が決まれば、不足した樽を補充していく。できる品質は同じでも、混ぜ合わせる中身は更新していくのがウイスキーづくりである。

◆ブレンドの役割

(1)　均一と安定による信用つくり（中味品質保証）

飲み手に認知される品質のばらつきは許されない。樽熟成はばらつきの熟成である。そしてブレンドによってまとめていく。

そもそもウイスキーを樽で熟成させるつくりを採用した時点で、ばらつきを許容することになる。ウイスキーを貯えるために、多数の樽が必要になる。必然的に色々な樽を使わざるを得なくなる。新しい樽だけでなく、古い樽の再使用、他用途の樽の利用（シェリー樽など）、サイズの違い（180・250・500ℓ）など、これらは当然品質ばらつきの要因になる。

ばらつきとみるか、意図的なつくり分けとみるか。管理できれば、作り分けとなる。管理可能な樽の区分けとこの中で個々に発生する管理不可能なばらつきが共存する（特に古い樽）のが、ウイスキーづくりである。区分けを基本とし、商品ごとの処方（組み合わせ）をつくり、維持していく。その中にばらつきを許容して均一にし、安定させるのがブレンンドの役割である。数値ではなく、人の官能で品質の安定を継続していく。

改良ということで熟成にも手が加わる、長い目でみれば品質は変わっていく。

(2) 新商品づくり（新しい美味しさつくり、嗜好性の追求、許容度を広げる）

ブレンドの持つ融通性を活用して、色々な味わいを創り出す。成功すれば、一つのブランドとして継続していく。

スコッチでは、ジョニーウォーカー、シーバースリーガル、ホワイトホース、カティーサークなどで、100年以上続く。マーケティング力の確かさを示す。

ニッカではハイニッカ、ブラックブランド、G&G、スーパーブランド、鶴と続く。いずれも政孝が生み出したブランドである。新しくは　フロムザバレル、ピュアモルトがあり、オールモルト、ザブレンドもそうありたい。

もちろん他社もブランド品を持つ。それが日本のウイスキーの世界を支えていく。

1足す1が2でないところが、ブレンドである。ブレンドはオーケストラや絵画に例えて説明される。品質の異なる多くの原酒の特徴を生かし、新たな調和をつくり出す。そこには定石がない。モルトとグレンという限定された中での、組み合わせの自由度がある。

野球チームに例えるブレンダーもいる。強いエースだけではだめで、それぞれ（原酒）の特徴を活かし、まとめ上げるのがブレンドであると。単品ではくせの強いものでも、少し使うことでいい効果が出てくると。

(3) 長期計画づくり

ブレンダーは原酒の在庫に対する責任がある。それは在庫の歴史と背景に対する責任である。在庫は先人から託された財産である。

将来に向けた原酒づくりを品質面から、他部署と共同して積み上げていくのが、ブレンダーである。

◆文化を醸す酒

ウイスキーづくりの歴史にも、農業的発想と工業的発想の葛藤がある。その典型が、連続式蒸溜機の出現による単式蒸溜の存亡である。

ウイスキーは蒸溜という人の叡智による新しい発明から生まれた酒である。そして樽保管、熟成という時間軸の味わいづくりを取り入れることで、香味補完と熟成軸による独自の味わいをつくり出した。

そこには自然環境の影響がある。蒸溜酒でありながら、環境を選ぶ酒として、風土性を残した。いわば文化を醸す酒として存続したといえる。

単式蒸溜という旧態依然の非効率な方法でつくる個性の強いモルトウイスキーが、樽熟成を通してその個性を残したまま、新たな熟成のおいしさを作り出した。それはまた、地域性を存続させる強みを生み出した。

一方で蒸溜方法に効率性の追求が始まり、カフェスチルに代表される多段式の連続式蒸溜機が発明された。それは製造法の効率化とコストの低減、味わいの軽さを持つ、新たなスピリッツをもたらした。原料もモルト以外の穀類を活用したグレーンウイスキーに発展する。

単式蒸溜はモルトに特化することで独自性を確立する。

こうして本来は競合する単式と連続式のウイスキーが、ブレンドによって共存する場を生み出した。それはまたブレンドによってウイスキーに飲みやすさを求める都会性を付け加えて受容性を高め、ウイスキーの文化性と文明性を共存する場をつくったと言えるのではないだろうか。

◆日本のブレンド

日本のウイスキーは酒税法の規制を受けてつくられてきた。その中で市場の定着と伸張を意図し、時代の変化に対応しながら、日本独自の品質と存在性を追求してきた。

そのコンセプトは、大衆性と多様性の共存である。安くてうまいものであり、時にマイウイスキーを楽しむ世界をつくる。

その中でブレンドは色々な演出を試みる手段となり、品質の保証となる。度数を超えるおいしさづくりや新しい素材を使ったおいしさづくりも、ブレンドでまとめていく。

ブレンダーはブレンドを通して、日々新たな創造に挑戦している。そこに定石はない。自分の感性とブレンド力を信じて、ひたすらブレンド試作を繰り返す。そしてある時、ぱっと閃きがくれば、しめたものである。それは組み合わせの変更かもしれないが、わずかな一滴の効果かもしれない。必ずしも足し算の効果ではなく、引き算の効果もある。

個性の強いものだけでなく、特徴のない穏やかな原酒が全体をまとめ上げることがある。

ブレンドはアートだと言われる所以だろう。

個人的にもこの一滴探し、隠し味探しに苦労し続けた。それはまたやりがいのある苦労であり、ブレンドを楽しむ時間でもあった。

第5章　ブレンドとブレンダー

ウイスキーをつくる上で、ブレンドは品質面でも、コスト面でも、市場への対応においても、色々な可能性を創り出し、ブレンダーの誕生を促した。

◆ブレンドの品質的役割

スコッチウイスキーをブレンドとの関係でみると、まず品質の安定にブレンド（バッティング）を使う。そしてコストダウンに、モルトとグレーンのブレンドを行う。

その結果、モルトだけでは出来ない飲みやすさを生み出し、飲み手（市場）が広がった。それとともにブレンド業務が専門化して、ブレンダーがその役割を担うことになった。

ブレンドの役割と生み出す効果を、品質的役割と時間的役割という二つの側面から見てみる。

(1)　品質的役割

品質的役割は、整理すると以下の5つに分類できる。

①　安定性

②　嗜好性

③　多様性
④　付加価値性
⑤　挑戦性
各項目を補足していく。
①　安定性
樽熟成には多くの樽が必要になる。樽詰めによる変化を熟成（おいしくなる）と気づいた時点で、欲がでてくる。

スコッチウイスキーの逸話として、「ハイランド・レディの思い出」にエリザベス・グラントが父親からの話として、次のように記している。

「長い間、私の気に入った樽に入れておいたウイスキーはミルクのようにマイルドで真に禁断の味である。後々になって素晴らしくなるという秘伝をつまらない人に知らせたくない」

しかし、当然話は広がっていく。そして、密造を隠すためシェリーの空樽に詰めたのが樽熟成の始まりだという話もある。

スコッチウイスキーとシェリー樽との出会いが、熟成を価値あるものとしたことは間違いないだろう。それだけ色調や香味変化がはっきり出てくる。特にオロロソシェリーの空樽は、ウイスキーに大きな変化をもたらす。個々の樽は履歴や経緯が異なっており、多くの樽が使われるのだから、当然熟成にばらつきが出るということになる。このばらつきは不可避といえる。

他方、周りの空気（温度、湿度、気圧）の変化は自然にまかせるしかない。

さらに熟成効果（付加価値）を高めるために色々な樽種、サイズ、内面処理の工夫（焼き方、再生法）をする。こうして意図的なばらつきをつくる。「つくる」と「できる」との混在となる。

あるいは、樽の入手ができなくなることが起こってくる。スペインのシェリー樽は大幅に減少している。シェリー本体の消費が減っている分、樽の生産が減っている。その結果、ウイスキーへの空樽が減っている。逆にバーボンの空樽のウエートが高まってきた。その結果、必然的にウイスキーの品質が変っていく。

スコッチウイスキーでは、1960年代と、それ以降のものの品質が、変わってきているように感じる。だが、作り手も飲み手も時代を受け入れていくものなのである。

ばらつきは安定させる必要があるが、同時に、逆にばらつきを利用することもできる。

混ぜ合わせ（多数）による安定と、組み合わせによるタイプわけをするのであるが、これらはいずれもブレンダーの感性を使ってまとめていくのである。

安定させる感性は個々のブレンダーの個性であり、各ブレンダーは数えきれないほどの試行錯誤の中から、一つの作品をまとめていくのである。それによって品質の安定を実現することが、商品としての基本である。成分分析も行って確認するが、ベースでは人間の感性判断で決めていく。

逆にカスクのように、樽ごとのばらつきを許容する世界も楽しめる。

② 嗜好性

ブレンドによって、味わいのスムーズ感、飲みやすさを高める。割り水で崩れない工夫もある。

持っている素材を使って、ブレンダーは、その価値を飲み手に納得させることに専念する。素材の可能性を探り、人の嗜好を引き出すことがブレンダーの役割である。愛飲者を惹き付ける魅力をつくること。しかし、万能の嗜好はない。ターゲットをどこに絞るかをイメージして、試作を繰り返す。

では、時代の嗜好というものがあるだろうか。

熟成を通すウイスキーは融通が利かない酒である。ブレンドによって、どこまで対応できるか試される。そのため、仮説と試行から嗜好性を整理していく。

もちろん、次のブレンド課題をつくることが未来につながる。政孝の言う「小手先で（ブレンドを）するな」であるが、チャレンジしたくなる場合もある。

③　多様性

ライトからヘビー、ソフトからハード、ドライからスイート、リッチとメロウなど　多様な味わいをつくる。これらは総合的な味わい感覚である。

さらにモルティ、フルーティ、フローラル、ウッディ、ナッティ、ピーティ、シェリーイッシュなどが（時にトロピカルも入って）、ブレンドによって強弱に組み合わさり、複雑な味わいとなる。こうして飲み分ける楽しさを創り出す。

ニッカでは、２０１３（平成25）年から発売しているブラックニッカのリッチブレンド、ディープブレンド、さらにアロマティックブレンドなど、味わいの違いで品揃えをしている。

④　付加価値性

調和した高級感を引き出す味わいを、ブレンドによって創り出す。熟成感のレベルアップなどがベースになる。

使える素材が限られた中で、ブレンダーは時に隠し財産を持つことがある。限定品などに使う機会のために残しておく、いわば「原酒のへそくり」である。

⑤　挑戦性

ウイスキーづくりの中で生まれる新しい発想を、ブレンドで商品品質に仕上げること。その中から長く受け継がれる商品が生まれることが、次の段階に進むきっかけとなる。

1990年発売のカフェモルトによるオールモルトは、その一例となる。（1990年発売）

さらに、2000年に発売した「竹鶴12年ピュアモルト」は、宮城峡蒸溜所でつくり分けてきたフルーティな華やかさを持つモルト原酒を主体に設計したものである。

そして今、「竹鶴ノンエイジ」に挑戦している。

ここまで述べてきた視点から、スーパーニッカにおける作り分けと開発意図を整理してみると、次のようになる（西暦は発売された年）。

・嗜好性

スーパーニッカ・オリジナル　43％　1962（昭和37）年

スーパーニッカ・やわらかブレンド40％　1994年

スーパーニッカ・クリア　40％　1999年

スーパーニッカ・和味　40％　2003年

・付加価値性

スーパープレミアム　43％　1990年

スーパーニッカ　15年　43％　1996年

・多様性

スーパーニッカ原酒　55％　1995年

・挑戦性

リニューアル　43％　2009年

成功事例ばかりではないが、時代の嗜好や志向に合わせたコンセプトによる商品づくりを、ブレンドを通して作り上げてきている。

◈ブレンドの時間的役割

(1) ウイスキー時間の管理

熟成年数の差を活用して適切な品質をつくり出し、品質体制を持続あるものとする。

古いものだけでなく、若いものも使いこなして、品質と在庫のバランスを維持することでウイスキーづくりが継続できる。貯蔵原酒は在庫である。明日の糧をつくるものである。「在」を活かして「財」にする。そして、継続していく。

しかし、過剰は許されない。その制約の中で次の夢を残すことが、ブレンダーに求められる。それが、在庫を財庫にすることになる。

(2) ウイスキー時間の価値付け

ウイスキーならではの熟成の価値を認識できる時間表示品(年数)を、適切に準備する。ここではブレンダーの残す力が問われる。

竹鶴ピュアモルト・シリーズでは17年、21年がある。

◆ブレンダーとしての挑戦

事例として、フロム・ザ・バレル、ザブレンド、オールモルトを紹介する。

(1) フロム・ザ・バレル：高濃度から特化　1985年10月

1985(昭和60)年10月、51%というブレンデッドウイスキーとして、「フロム・ザ・バレル」という商品を発売した。ウイスキー特有の、高濃度の樽出し感覚という点に注目した商品である。

ニッカではブレンド後の再貯蔵をする際の度数が50度近辺である。51・4%と敢えて小数点以下まで訴求した。こだわりを強調するためである。

ボトルデザインのコンセプトは、「小さな塊」。ボトルデザインの開発は、グラフィックデザイナーの佐藤卓氏。強くて濃いウイスキーが、どのようなボトルであるべきか。私は「小さな塊」にしたいと思った。濃いものは少ない量のほうが美味しそうに見える。
（写真提供：ニッカウヰスキー）

後付けだが、51・4は「濃いよ」とも読める。英国の90プルーフと等しい度数である。

品質設計で求められるのは、豊かに広がる香りと重厚なコク、そしてアルコール51度とは思えない口当たりのよさ。一見矛盾することを、ブレンダーとして突き詰めたコンセプトの商品である。

ウイスキーの香味は度数が高いほど溶けやすいので、豊かさと重厚さは高まる。その反面、アルコール度数の高さによる刺激は強くなる。それをブレンドによって、どこまで抑えられるか。ブレンダーの腕の見せ所となる。

モルトを多くすれば豊かさは出てくるが、重くなりすぎ、キレが悪くなる。ニッカ独自のカフェグレーンの柔らかさを活かすことで口当たりのよさを出そうと、試作を繰り返した。そのプロセスで、グレーンでのつくり分けが役立った。

発売後、アルコールの強さを感じない豊かでスムーズな味わいだと喜んでもらった。少し水を加えれば、さらに香りが広がってくる。

ロックで映えるタイプである。ただし、チェーサーを忘れずに。冷水によるトワイス・アップ（1＋1）も乙なものと思う。

もちろん、さらに水との相性を求めて、自分の好みの比率を探す楽しみがある。2＋1や1＋2にしても、ウイスキーの「コク」と「スムーズさ」の世界が広がる。

現在では日本よりも、フランスのパリなどで高く評価されている。味にうるさいフランスの人を惹きつけているとは、うれしいことである。

口の短いこぼれそうなシンプルな四角のボトルデザインも、オシャレで魅力らしい。商品そのものの由来を素直に表現したネーミングに、中身のよさを感じさせる配慮がある。

(2) ザ・ブレンド・オブ・ニッカ：逆発想のブレンド　1986年10月

ブレンデッドウイスキーの常識を破る商品を発売した。モルトベースという新しい発想による「ザブレンド・オブ・ニッカ」である。

ブレンデッドウイスキーは、通常飲みやすさを優先して設計していく。そのためモルトとグレーンの比率では、グレンが多いブレンドとなる。

したがって、デラックスやプレミアムとして高級化するには、比率はあまり変えずに熟成の長いモルトを増やして味わいを深めていくのが常套手段であった。

（講習会資料より）

それに対して、逆転の発想でモルトの比率を高くして、熟成モルトの豊かな味わいとブレンドによるスムーズ感の実現を試みたのが「ザブレンド・オブ・ニッカ」である。

モルトの比率を高くするほどピュアモルトに近づき、個性と重さが目立ってきて、ブレンドタイプとしてはくどくなる。しかし軽いグレーンだけとのブレンドでは、モルトを包み込む円みが出ない。

グレーンの選別に苦労した。通常のブレンドタイプはモルトが味付けになるが、モルトベースブレンドではグレーンが味付けになるといえる。

バレルとザブレンドは、いずれも既に貯蔵熟成させた原酒を使い、「さまざまなおいしさ」という、新たな発想からブレンド技術を使って作り上げたものである。

そこにあるのはスコッチのスタンダード、デラックス、プレミアムという縦型ではなく、多様という横型の日本オリジナルな商品づくりである。

当時の商品企画部門が先取りした優れた発想から生まれたものである。ウイスキーにとって、ブレンドの役割が先鋭化される商品である。

(3) オールモルトの開発：原酒のつくり分け　1990年2月

ウイスキーの製品づくりには、大きく二つのやり方がある。

一つは、既存の熟成した原酒を使ってつくる方法。他は、新規に別の素材をつくり出し、熟成を待ち、新たにそれを使ってつくる方法。

1990（平成2）年に発売したオールモルトは後者のタイプである。原酒のつくり分けから生まれた商品である。

モルトだけでなくグレーンもつくり分けをして、新しい商品が出来ないかという挑戦から出来上がった。

第1章でも紹介したが、ニッカはカフェスチルという旧式な連続式蒸溜機を持っている。これを有効に使うために何ができるか。

竹鶴政孝は、本格ブレンデッドウイスキーをつくるためには、絶対必要であるという信念のもと、当時アサヒビール社長の山本為三郎による資金支援を受けて、1962（昭和37）年にスコットランドからカフェ式連続蒸溜機を導入した。

竹鶴政孝はカフェスチルの導入について、「従来の我が国の蒸溜機が、イモ類を原料にした添加用の純粋な或いは高度なアルコール製造用に作られた場合が多いのに対して、これは本来ウイスキーの原酒に調合するスピリッツ作りを目的にして作られていることが挙げられよう」と述べている。

以来カフェグレーンは、ニッカのブレンデッドウイスキーの柱としてつくり続けている。

カフェスチル（写真提供：ニッカウヰスキー）

1999（平成11）年には西宮工場から仙台宮城峡に移設した。別の連続式蒸溜機を新設した方が安上がりだったが、敢えて旧式なカフェスチルを移設し、稼働し続けている。

1965（昭和40）年発売のブラックニッカから、カフェグレーンブレンドの製品を品揃えしていった。間違いなくニッカの製品の品質を向上させ、市場の評価も高まった。市場では1000円ウイスキー戦争と言われた。

余談だが、設置にあたって、スコットランドから技術者を呼んで稼働の指導を仰いだ。しかし、旧式なタイプの制御に技術者もギブアップし、途中で帰国してしまった。

結局、当時の西宮工場の製造スタッフが自ら試行錯誤を繰り返し、何とか無事稼働させることが出来たということである。政孝以外、連続式蒸溜機など、まったく知らない素人集団による快挙であった。

当時、直接稼働を担当した中辻秀夫によれば、最初は塔内から醪が溢れ出し、制御不能でパニック状態だった。まさに長靴を履いて、シャツ一枚で塔内の階段を走り回ったということである。スタッフもお手上げで、現場力による成果だったと聞く。それが、自らカフェスチルの神髄を知ることになり、世界にはないニッカ独自のカフェグレーンが誕生する力になったと言える。

◈カフェモルトの誕生

余市や宮城峡のポットスチルだけでなく、カフェスチルを使って、何か独自の素材が出来ないか、それを使って新しい商品ができないか。その発想からカフェモルトが生まれた。

すでにトウモロコシと麦芽を使うカフェグレーンをライト、ソフト、ヘビーなタイプなどつくり分けをしていた。さらになにができるか、原料コスト高になるが麦芽の比率を増やしてみればどうなるかと議論した。

現場で実際に小試験をしたところ、麦芽由来のソフト感とコクのある味わいができた。当時マーケ部門も次の商品を模索していた。そこで新タイプのブレンド素材として使えそうだと考え、マーケ部門に提案した。

当時の担当者は小川徳一郎。以前弘前工場で一緒に仕事をした仲である。マーケ部門で「さまざまなおいしさつくり」の企画開発を推進していた。

「確かに面白そうだが、やるなら麦芽100％でやって欲しい。訴求する価値が全然違う」と言う答えが戻ってきた。さすがマーケッターと感心しながら、原料的には相当高くなるので、使いこなせるかという危惧もあった。

生産部門に相談したところ、やってみようという返事。当時の西宮工場のグレーン部門のスタッフや現場担当者も、やりましょうということで始まった。

しかし、カフェスチルは麦芽の蒸溜には適してない連続式蒸溜機である。泡立ち・目詰まりが激しく、頻繁な洗浄が必要で、非効率極まりない素材に、現場スタッフの悲鳴が止まらない。申し訳ないが、何とか成功させたいとお願いするだけである。

辛抱強く工程改善に工夫してもらい、本生産にこぎつけることができた。そして出来たのが、麦芽100％でつくったカフェ式連続蒸溜モルトである。

「カフェモルト」と命名した。これを熟成させ、従来のポットスチルでつくったモルトウイスキーとブレンドしてできたのが、「オールモルト」である。

カフェモルトはまったく新しい素材であるので、すぐには使えない。樽熟成が必要である。栃木工場の製樽部門も、適正な樽を優先的に準備してくれて熟成に入った。これをいかに活かすか。

その頃、小川から「いつ頃商品化できるか」と聞いてきた。上部から、急がされている様子である。まだ熟成中なので、未知である。しかし、それではせっかく全社で取り組んできた話が止まってしまう。

「確信はないが、あと1年待ってくれ。それでやる」と返事をした。

「わかりました。上司を説得する」と言って、小川は戻って行った。

その信頼を裏切るわけにはいかない。プレッシャーがかかった。

方向性は間違いないと考えていたが、確証はない熟成の道に入った。1年後、余市と宮城峡のモルトと、熟成したカフェモルトをブレンドしたものを完成させた。そして1990（平成2）年2月、「オールモルト」として発売した。

当時、ブレンダーの中堅として活躍した鈴木長成が、カフェモルトの仕上げに苦心してくれた。貯蔵については栃木の井澤力康らが意図を理解し、適正樽の準備に尽力してくれた。

（講習会資料より）

栃木製樽・カフェグレーン貯蔵工場　毎年フクロウの雛が巣立っています
（講習会資料より）

もちろんスタッフ全員の協力があったから出来たことである。品質にかける共通の認識が実を結んだ、素材開発から新商品に結びついた事例である。

市場からも、ニッカならではの常識外れの商品として高く評価され、ほっとした。価格だけではない、新しい価値を感じるウイスキーが受け入れられたわけである。

ウイスキーは「樽熟成を通してつくる」酒である。時間は稼げない。したがって、うまくいくかどうか、ブレンダーにもわからない。

しかし、やらなければなにも生まれない。蕾を育てるシナリオ作りが花を咲かせ、実を結ぶ。それがウイスキーづくりの醍醐味である。

多様性の実現という創造型の商品づくりこそ、日本のウイスキーの姿である。それがスコッチの真似ではない、新たな独自の道を切り開いたのである。

第6章　キーモルトの試み

ウイスキーに興味を持ってもらうために、ブレンダーは新たな提案をすることがある。「キーモルト」の視点から、香りと味の世界を広げた試みを紹介する。

◆キーモルトという発想

一般市場に販売するのではなく、蒸溜所限定販売品としてつくったウイスキーがある。余市蒸溜所の試飲コーナーでしか味わえない一杯である。あえて工場限定としたのは、作り手と飲み手の共感つくり。飲み手に工程と味わいを、その場で同時に認識していただきたいという思いがあった。特に宣伝をしたわけでもないのに、ウイスキー愛飲者の注目が集まり、喜んでいただき、隠れたヒット商品に繋がったと思っている。その背景やその後の広がりについて紹介する。

ブレンダーとしてのそもそもの意図は、ウイスキーの多彩な味わいをわかり易く、納得して貰うやり方はないかという試みであった。

百聞は一見に如かず。ウイスキーを理解するためには実際に味わって、自分で実感することが早道である。実はそれまでも、来訪者には折を見て、サンプルを味わってもらってウイスキーの説明をしていた。当初は5年、10年、15年、20年など、貯蔵年数別の品揃えを準備した。これは熟成の経時変化を知ってもらうためであり、貯蔵年数による違いを楽しんでもらうものであった。ウイスキーの熟成時間という、いわば縦軸からみた品揃えである。

だが、ウイスキーの品質は貯蔵年数の違いだけにとどまらない。他のつくり分けをしている。原酒の品質の幅を広げて、ブレンドに活かしている。このようなつくり分けをして、味わいの幅を広げている。いわば横軸からみた品質つくりである。それが横（多様性）の違いを生み出している。

この多様な味わいの違いを、わかり易くする事例を作れないか。つまり、モルトウイスキーをつくる工程と繋がる典型例の表し方はないか。

それがキーモルト発想である。キーモルトという言葉の定義はない。イメージとしては、ウイスキーづくりに重要な役割を果たすタイプのモルト、あるいは個性の強い品質を持つタイプということになろうか。

さらに製品つくりにおいて、①味わいへの影響が大きい、②少量の使用で効果が高い、③品質訴求の鍵になる、それ故、ブレンドする時に、ブレンダーが意識して使うモルト、という意味も含まれるだろう。

縦軸の熟成年数と横軸のつくり分けを知ることで、ウイスキーの理解を深めることになるだろう。ねらうは典型的なタイプ別の原酒を品揃えすること。わかり易さが大事とも考えた。

◈香りと味でキーモルトを品揃え

試作の目標は、次の3点を満足するものを揃えることであった。

①各々ウイスキーの製造工程とつながるものであること。
②わかりやすくするために品数も限定したものであること。
③集約した二語（香りと味）で表現すること。
そして総称として「キーモルト」という言葉を使うことにした。

当初、貯蔵年数は12年で統一したが、シングルカスクで用意したので、度数は一定でなかった。

そのこともかえって樽出し感覚がありよかったようだ。

その後継続性などを考え、度数は55％に統一した。

まず余市の原酒のキーモルトとして、次の5種類を設定した。
①麦芽のピート香付加処理による違いを知るもの：ピート香の強い（ヘビーピート）タイプ
名称はピーティ&ソルティ（Peaty & Salty）とした。
②醗酵と熟成の違いを知るもの：フルーティ香（エステル感）の強いタイプ
フルーティ&リッチ（Fruity & Rich）
③麦芽と醗酵の違いを知るもの：麦芽の穏やかな風味を持つタイプ
モルティ&ソフト（Malty & Soft）
④シェリー樽貯蔵の特徴を知るもの：レーズン風味な濃厚で甘酸っぱさを持つタイプ
シェリー&スイート（Sherry & Sweet）
⑤ホワイトオーク新樽貯蔵の特徴を知るもの：バニラ風味の甘く強い香ばしさを持つタイプ
ウッディ&バニリック（Woody & Vanillic）

各名称の二語は「香りと味」を簡潔に表現したものである。比較的すんなりと浮かんできたので、個人的には悪くない適確な表現だと思っている。

◆具体化のプロセス

当時、林宏工場長から、余市蒸溜所発信の見学者向けみやげ品として、「余市の原酒を使ったオリジナルウイスキーをつくりたいので、協力して欲しい」との依頼があった。

しかも、貯蔵庫のなかで原酒を売るという。斬新で、大胆な企画である。しかも販売員は、現場で長年ウイスキーづくりを担当した職人で、退職した人にやってもらう。税務署は了解済である。まさに生々しさ一杯の企画である。それはまた、ウイスキー低迷の中での活性化を図るために考えられた現場からの依頼である。

ブレンダーとしては、全面的に協力しなければならない案件と考えた。依頼の件は、販売するモルト原酒の設計と品揃えである。

当初は貯蔵年数別の品揃えを準備した。5年、10年、15年、20年など。それを限定販売するという。

年数別のものを、混ぜずにシングルカスクで揃えることにした。当然同じ年数でも、樽ごとで品質が変わる。それも評判を得て、売上を伸ばした。

そこに前述したタイプ分けの原酒を加えようと考えた。典型的なタイプ別の原酒を品揃えすること。これが前述したキーモルトづくりにつながった。その後、カフェグレーンも揃えた（名称は

Light & Mellow)。

これらの原酒は、マイブレンドセミナーなどで使っていった。さらに、これらのタイプ別キーモルト原酒の品揃えを、代変わりした山地博明工場長が余市蒸溜所での原酒販売に追加した。

前述したが、実際に原酒つくりに携わっていて、既にリタイアしたOBに頼んで、対面販売員になってもらった。

営業経験のまったくなかった人ばかりであるが、結構リラックスして、自分のウイスキーづくりの経験を踏まえた実感の込もった説明をしていく。時にマル秘的な話も挿んで、お客さんを引き留めてうまく販売につなげていく。

その話術は大したものだと感心させられた。関心を持って寄って来た人は足を止め、満足して買っていく。売上は予想を遥かに超えるものとなった。人の隠れた人心把握の才能を見事に発揮した企画であった。

山地工場長は「キーモルトができてから、VIP待遇のお客様へのウイスキーの試飲と説明が楽になった」と喜んだ。このようにキーモルトの良さは、ウイスキーのことを知らないお客様でも、試飲ですぐにウイスキーのおいしさのイメージを持つことができるところだと思う。

また「おいしさの違い・おもしろさなどがわかるので、高い値段でも売れたのだろう」とも語っていた。最初の意図がうまく広がり、利用度が増えていった。

さらに宮城峡蒸溜所でも、当時の平井光雄工場長の依頼で同じ企画を始めた。同じく話題を呼び、売上を伸ばした。

これらタイプ別原酒を手に入れるためだけに、蒸溜所を訪れる人も増えてきて、関心の大きさに驚いた。また、意図が理解されて安堵した。

その後はチーフブレンダーの杉本、さらに久光が引き継いで、継続性を保証してくれた。飲み手との接点がうまく繋がった事例である。

うまくいくかはわからない、しかしやらなければ何も変わらない。ウイスキーの熟成と同じことだと実感させられた。

◆新たな展開

2004（平成16）年、ニッカは創立70年を迎えた。その際、記念企画として、本社地下にブレンダーズバーという名前のバーを開くことになった。ここでキーモルトのショット販売を始めた。また、ブレンダーが定期的にバーに来て、セミナーや質疑、懇親をするという企画も始まった。その日の担当ブレンダーは、昼間には柏のブレンダー室で仕事をし、夜はブレンダーズバーに出かける。来客の方々にウイスキーの話をし、その後交流する。それも結構評判になり、止められなくなった。

さらに、各ブレンダーオリジナルのブレンデッドウイスキーの提供も始まった。

同じキーモルトとグレンだけの6種を使い、ブレンダー個々人のオリジナルブレンデッドウイスキーをつくり、バーのメニューに取り込んだ。ブレンダーにとって、個々のブレンド力を問われる厳しい舞台である。

市販の商品の場合、均一な品質をつくっていくことが必須であるから、全体のブレンド力が試される。一方、このオリジナルウイスキーは各ブレンダーが、使用原酒は同じということ以外、何の制約もなく、自由に考えてつくったものである。

できたもののレシピとコメントを見ると、ブレンダーそれぞれの考えが反映されて面白い。その一部を表（次頁）にして紹介してみる。おのおののブレンド品のレシピも、バーのメニューに記載されている。ここでは4人のブレンダーの作品を紹介する。

各ブレンド品の処方比率と設計の狙い、個々のコメントをながめると、なるほどと納得できる設計をしていることが感じられる。1人2種のタイプ違いをつくったが、ブレンダー個々人のブレンド思想が推測されておもしろい。

Aブレンダーはオーソドックスなものと、それと対照的な極端なモルトベースブレンドを設計している。ブレンドの違いの楽しさを伝えようとする、真摯な取り組み姿勢が感じられる。

Bブレンダーは、通常のブレンドでは考えられない、特化したブレンドを狙った大胆な組み合わせと、ブレンドの使命である調和を意識した設計をしている。

Cブレンダーには、熟成に焦点を絞ったブレンド設計と飲用シーンを想定した切り口の設計を狙う、柔軟性ある取り組み姿勢が感じられる。

Dブレンダーには、ブレンドにおけるモルトの相手方である、カフェグレーンに焦点を当てた設計を意識したところに、こだわりの姿勢が感じられる。

	C	C	D	D
	・1	・2	・1	・2
	3%	10%	8%	6%
	2%	2%	2%	2%
	25%	5%	16%	3%
	5%	28%	14%	4%
	15%	5%	0%	10%
	50%	50%	60%	75%
	"Rich & Woody (Mature & Mature)"	"Fruity & Flowery (Memorial & Birth)"	"Honey & Sweet"	"Coffey Sweet & Mellow"
	オーク香豊かな余市モルトと穏やかに熟成した宮城峡モルトを基調とした、樽の華やかな香りが楽しめる熟成感のあるタイプのブレンデッドウイスキーに設計しました。	今回は、シーンのイメージからアプローチ。記念日にふさわしい「晴れのウイスキー」をイメージしました。熟成原酒のブレンドによる"新たなる誕生"がテーマです。	宮城峡蒸溜所の華やかなモルトと余市蒸溜所で新樽・シェリー樽に入れられ熟成した蜂蜜やバニラ香を持つモルトを、甘い味わいのグレーンウイスキーとブレンドし、甘さを主体としたウイスキーに設計しました。	カフェグレーンの甘く柔らかい香味をベースに、余市・宮城峡蒸溜所モルトが持つ複雑さを調和させ、味わいがあり、飲みやすいブレンデッドウイスキーに設計しました。

表1　ブレンダーのレシピとコメント

ブレンダー	A	A	B	B
試作 No	・1	・2	・1	・2
余市 12 年 "Sherry & Sweet"	5%	16%	3%	10%
余市 12 年 "Peaty & Salty"	2%	3%	30%	8%
余市 12 年 "Woody & Vanillic"	5%	10%	15%	15%
宮城峡 12 年 "Fruity & Rich"	10%	23%	2%	17%
宮城峡 12 年 "Malty & Soft"	18%	23%	10%	5%
カフェグレーン 12 年 "Light & Mellow"	60%	25%	40%	45%
テーマ	調和とバランス	"Rich & Mellow Blend"	"Peaty & Dry Harmony"	"Elegant & Sweet Harmony"
コメント	スタンダードなブレンデッドウイスキーを処方しました。様々な香りの要素を実感していただいた後、それらの要素がバランスよく調和し、新たな美味しさが創造されるブレンドの魅力をご堪能ください。	モルトの豊かで華やかな香りを強く出しながら、ブレンデッドの滑らかな味わいも兼ね備えた"モルトベースウイスキー"をお楽しみください。	余市蒸溜所の伝統的特徴であるピート香豊かなモルトを基調とした、個性的でありながらハーモニー感のあるタイプのブレンデッドウイスキーに設計しました。	熟成したウイスキーの持つ気品とスウィート感の絶妙な調和を表現してみようと考え、試作を重ねました。

理想のウイスキーづくり～ブレンドの神秘

モルトはひとつひとつの綺麗で華やかな花。カフェグレーンは花を包み込むカスミ草。カフェグレーンがモルトを包み込んで、ブレンデッドという花束となる。
（講習会資料より）

ピンクのバラ	温かい心	Fruity & Rich
白のガーベラ	神秘、悲しみ	Peaty & Salty
紫のスイートピー	繊細、優しい思い出	Sherry & Sweet
黄色のオンシジウム	可憐	Woody & Vanillic
ピンクに白のふちどりのアルストロメリア		Malty & Soft
オレンジのカーネーション		
かすみ草　清い心	全体を調和させる	カフェグレーン

ブレンダーは自由である。原酒同士の取り合い（相性を合わせること）をする。そして全体としてまとまっていく。

大柄な体つきに似合わず、繊細な表現でまとめるブレンダーもいる。

第7章　ピートとウイスキー

モルトウイスキーづくりにとって、ピートは歴史を伝える味わいを持つ。地域のありようを恵みとして受け入れ、活かしていく知恵が、自然と通底する味わいを生み出す。

厄介者か守護神か

ブレンダーとしてピートをどう見るか。

1986（昭和61）年ピュアモルトの第3弾として、ブラック、レッドに続くホワイトとしてヘビーピートタイプを発売した。中身は余市のヘビーピートモルトに、スコッッチのアイラヘビーピートモルトを購入してバッティングしたものであった。

発売当初から、苦情の連続であった。薬くさい、病院みたいな変なにおい、腐っているなど、さすがに時期が早すぎた。しかし、少数だが喜んでくれた飲み手がいたのも、事実である。

いずれ改めて、ブレンダーとしてこの課題（ピート風味）に取り組む必要があると考えていた。

ウイスキーにとってピートは厄介者だろうか、それとも守護神だろうか。

ウイスキーづくりにおけるその歴史を見ると、減らしていく時期もあった。しかし他方、ピート香が個性として輝く、嗜好の納得性との調和の典型であるウイスキーも存在し続けている。

◈ピート利用の歴史

モルトウイスキーづくりにとって、ピートは歴史を伝える味わいを持つ。一体、誰がこのような薬臭く、煙にむせる趣を良しとしたのだろう。

それは、まさに風土のなせる技である。地域のありようを恵みとして受け入れ、活かしていく知恵が、自然と通底する味わいを生み出す。

スコットランドのハイランド地方では18世紀までに、森林は燃料と船の建築に使いつくされてなくなっていた。しかもローランドと異なり、石炭はなかった。

しかし、ピートは古来よりふんだんに存在した。これがウイスキーづくりに幸いだったのか、密造においてはピートを使うことは必須だったようだ。少なくともピート使用にこだわって（使わざるを得ない）、スモーキーフレーバーを受け入れていた。恐らく当時のモルトウイスキーは、ピート由来の強烈なスモーキーフレーバーを持つ個性豊かな味わいであっただろう。

それがなぜ飲まれ続けたのか。スコットランドでは一般家庭の燃料としてもピートが使われていた。それはピート香に慣れていることを意味する。すなわち少々のスモーキーフレーバーには、抵抗がないということになる。

したがって、酒としても許容される。スモーキーさが、地酒として愛される要因にもなる。薬酒的効果も、期待されたかもしれない。

1880年から1890年代にかけて、軽い風味のウイスキーに対する要望が高まり、ピート香の少ないモルトウイスキーづくりが必要となった。キルン塔の屋根を高くするなど、工夫して対応したようだ。それが、現在の独特の美観を持つパゴダの形になった。それでもピート風味がなくなることはなかった。

◆飲み手の広がりとライト化

ピート風味は他の地域の飲み手にとっては、クセの強い飲みにくい酒である。

地元では蒸溜したてのモルトスピリッツが、生のまま（60％を超える高い度数）で飲まれる。度数が高い方が、スモーキーさは抑えられる。

しかし割り水をすると、一気に薬品臭が浮き上がってくる。しかも、まだ樽熟成は普及していないから、生の薫香が際立つ。その後、無煙炭が使われるようになって、ピートは2次燃料となった。この段階で、ピートは味付け用に特化され、独特のスモーキーフレーバーとしてスコッチモルトウイスキーの中に存続していくことになった。

その後の樽貯蔵熟成の普及と、1860年代以降のブレンデッドウイスキーの誕生が、ピーテッドモルトウイスキーの存在感をさらに強固なものにしたといえる。

一方でスコッチウイスキーづくりの中で、ピート香は減少していく流れにあったのも事実のようである。

資料によれば、19世紀までは麦芽はほとんどピートで乾燥された、ピート香の強いモルト（heavily peated malt）であった。

このようなピート香の強いモルトでは、クセのないグレーンウイスキーとのブレンドが飲みやすさをつくり出す。それはまた、飲み手に新鮮さを与え、ブレンドの存在性が高まっていくことに繋がった。

１９００年から１９４５年にかけて、ピートの使用量が減少していった。１９５０年後半では、大半がlightly peated malt（ピート香の少ないモルト）であり、unpeated malt（ピート香の無いモルト）も使い始めていたようである。

それは風味のライト化よりも、効率化や原料コストを下げるという側面が優先されたが故のようだ。こうして、スコッチウイスキーのライト化が進んでいったと思われる。

アイラ島のヘビーピートモルトでピート香を補うなどの工夫はあるようだが、全体にピート香は少なくなっているようだ。

このままピート由来の香味を特徴とするスコッチは、過去のものとなるのか。それとも、スタンダードとして復活するのか。熟成をからめた知恵がいるような気がする。

深く熟成したヘビーピートモルトの個性は、作り手としては挑戦したくなる魅力ある味わいである。

◆ピートへの挑戦

ニッカは余市蒸溜所で、一部へビーピートモルトをつくっている。そもそも竹鶴政孝は、北海道石狩地方にピートがあることを確認して余市を選んだのである。

余市蒸溜所では昭和50年代初めまで、フロアモルティングで麦芽をつくっていた。その時のピートは、前年に石狩から取ってきて乾燥させたものである。

資料によれば、石狩平野の泥炭地の形成は約4000年前以降と考えられている。また泥炭層の堆積速度は、1000年あたり1～2メートル程度となるようだ（参考『日本列島100万年史』）。10㎝で100年くらいかかる計算である。数百年モノのピートを使っていると考えると、味わいも深くなる。

その後時代の流れで、麦芽を外部から購入する体制に変わったが、ピートについては強度を変えたものをモルスターに注文してつくり続けている。

政孝の遺志を継ぎ、ブレンダーの責任としてもヘビーピートモルトをつくり続けることが不可欠だと信じつくり分けた。

ピートのかけ方、蒸溜カットなど適性条件を選び、好ましいと判断する本溜をつくり、樽を選び熟成させる。余市の風土が、ヘビーピートモルトづくりに適しているようだ。

くどさのないフェノール感としっかりした海草感、そしてほのかな甘さと塩味を感じる。深みと華やかさを秘めた、気品を持つヘビーピートモルトができる。

その味わいをピーティ＆ソルティ（Peaty & Salty）と表現した。

ブレンダーのシナリオ

先に述べたが、ピートに関しては、ブレンダーとしてクリアにしておくべき課題だと考えていた。ニッカとして、ピートに対する立ち位置をどうするか。

政孝が最初に山崎でつくったモルトウイスキーは、スコットランドの製法に忠実につくり、スモーキー香の強いものだったようだ。

日本人に慣れない香りで、評判はよくなかったと書かれている。サントリー（寿屋）創業者の鳥井信治郎とは、その点で意見が違っていたようだ。立ち位置の違いである。

政孝はピートにこだわった。そして、ピートのある北海道余市に自分の居を構えた。

それを引き継ぐ者として、その遺志をどのような形で残していくのか、シナリオを描いて実践した。

それが1996（平成8）年に発売した余市シングルモルト10年である。

余市のヘビーピートモルトを主体とした、豊かなスモーキータイプで設計した。量を狙うものではなく、つくる姿勢を問う商品として、いわばプロ好みを意識したものである。時期が来たら、出さなければと準備を進めていた。

マーケ部から「余市10年を出したいので、中身の設計を頼む。詳細はまかせる」とのこと。時期到来と判断し、ヘビーピートのタイプで設計した。数ではなく、品質力のアピールとして出したのである。案の定、市場の評判は良くなかった。銀座の高級業務店では無理だろうとは想定していた。

しかし、イギリスのウイスキー評論家などがその個性を評価して、マスコミに取り上げてくれた。日本でこんなウイスキーがつくれるのかと、話題にしてくれた。

まずは成功である。

しかし営業からは、ピート香を弱くして欲しいという声が強くなってきた。ボトルデザイン変更時に中身も穏やかなものに変更した。

そのかわり、蒸溜所限定販売の「キーモルト」の中で復活させた。

これらの取り組みが支えとなって、2001年の「余市シングルカスク10年」によるベスト・オブ・ザベストの受賞に繋がっていると勝手に思っている。

これがヘビーピートに関するブレンダーのシナリオである。

一方で1997（平成9）年の減税時に、家庭用としてノンピートタイプのモルトを使った「ブラック・クリア」を発売したのも、別の意味でのブレンダーの答えだと思っている。

第8章　ウイスキーを楽しむ

ウイスキーの官能評価について、共通香と個性香の視点から、ニッカブレンダーの官能評価軸を参考に整理した。

三大美味香とウイスキー

味を良くする香りには、三つの大きな要素があると言われる。この三つの香りを三大美味香と呼ぶ。一つは、レモン、胡椒などに多量に含まれる「リモネン」であり、二つめは、バニラエッセンスなどに使われる「バニリン」である。三つめは、ブラウン・フレーバーと呼ばれるもので、醤油などを約180度に加熱した時にできる、メラノイジン、糖分を約180度に加熱した時にできる「カラメル」など褐色のものである。

（おいしい和食をつくるコツ：河野、大滝、山口、旭屋出版）

ウイスキーにこの考え方を取り入れて、官能面から整理してみた。

まずウイスキーにも、この三大美味香が含まれており、樽詰めによる香味変化がある。樽にはオレンジやレモン様香気を持つリモネンなどのテルペン系成分が含まれており、熟成中に微量に溶出して、ウイスキーの熟成香となる。

また樽の組織成分であるセルロース、ヘミセルロースに次いでたくさん含まれるリグニンが溶出し、熟成中に分解して、甘く香ばしいバニリンを生成する。

樽の内面を焼くことでバニリンは増加する。

樽内面の熱処理でヘミセルロースの分解がすすみ、微量な糖分が溶出し、一部カラメル化する。また、ウイスキーに含まれる糖と、樽に含まれる微量なアミノ酸との加熱分解反応（アミノカルボニル反応、またはメラノイジン反応、メイラード反応という）の結果として、褐変物質の生成と熟成による褐色化と香ばしさの増幅がある。

さらに、ウイスキーとして次のような個性づくりがある。
・ピートによる麦芽の燻煙からくる香味（煙、燻製、薬品、ヨード、海藻様）。
・醗酵中に酵母や乳酸菌がつくる果実香、花香、酸香などが熟成中に洗練され、増幅されて、華やかさを感じる芳香を創り出す。
・さらに、穀物のもつ「穀味」が滑らかさと厚みとなり、複雑さをまとめていく。
・蒸溜時には、香気成分が蒸発と凝縮を繰り返し、釜の形状による軽めや重めの基本香味をつくり出す。

◇官能評価〜テイスティングの方法

以上のことを含めて、ウイスキーの官能評価について、共通香と個性香の視点からニッカブレンダーの官能評価軸を参考に整理してみた。

テイスティング　手順
・グラス：香りが嗅ぎやすい胴長のチューリップ型
　　　　　100～150㎖　きき酒グラス
　　　　　脚つき、底盤安定したもの
・適　量：20～30㎖　香り立ちがよい
　　　　　加水しても　空寸確保される

香り

①　静かに、立ち上がる香りを嗅ぐ（トップノート）
揮発性の高い香り、花や果実香、バニラや蜂蜜様甘香、穀物香、スモーキーさ
※青臭さはよくない

②　グラスをゆっくり回して、壁面にウイスキーを広げながら嗅ぐ。さらに複雑さをつかむ。
厚み、重さ、熟成度
モルティさ、フルーティさ、ピート感
樽香：バニラ、カカオ、ココナッツ、バナナ、メロン、ピーチ、レモン、オレンジ、アンズ
香り全体：調和（重い、軽い）、芳香（豊か、軽め）、熟成（樽香豊か、あっさり）

味わい

① 少量（舌の先にころがる程）を含む

甘さ、酸、苦み、塩

フルーティさ、モルティ、スモーキー、ウッディ

舌触り：滑らか、粗い、クリーミー

きれと余韻：甘さ、すっきり、ドライ、豊か

全体：調和、芳香、熟成味

② 水で2倍に割って、同様に評価する

香りの特徴が際立つ。比較することで、それぞれの味わいの違いがわかる。

◈共通香と個性香

テイスティングにおいて、前述の三大美味香のような酒類に共通する酒の評価用語（共通香）と、ウイスキーとしての個別用語（個性香）を分けて整理した。

(1) 共通香

三大美味香（おいしさの基本）：レモン等の柑橘類の香り、バニラ等の甘い香り、カルメラ等の香ばしい香り

表1　ウイスキーの香り表現　共通香

果実香	柑橘類	レモン、グレープフルーツ、オレンジ、マーマレード
	新鮮な果実	リンゴ、バナナ、洋なし、メロン
	果実加工品	煮りんご、ジャム、干しアンズ、レーズン
	トロピカル	パイナップル、マンゴー、パッションフルーツ
	香料・溶剤	ドロップ、接着剤、マニキュア除光液
甘い香	バニラ	バニラ、カスタードクリーム、キャラメル、カカオ
	クリーム	クリーム、バター、ミルク、チョコレート、ナッツ
	蜜	はちみつ、カラメル、メープルシロップ
	スパイス	シナモン、ナツメグ、オレンジピール、パウンドケーキ
花香／青い香	青葉	新緑、森林、芝刈り
	ハーブ	干し草、ミント、ローズマリー
	花	バラ、きんもくせい、アカシア、ラベンダー

表2　ウイスキーの香り表現　個性香

ピート香	焦げた	タール、すす、灰、石炭がら
	煙	焼けた木、焚き火、燻製
	薬品	ヨード、フェノール、病院、海藻、磯
穀物香	焦がした	ウェハース、ビスケット、コーンフレーク、トースト
	麦芽	麦芽、ミロ
	穀物	麦、とうもろこし、ハスク（もみがら）
	茹でた	かゆ、茹で野菜、ご飯
樽由来香	木材	バニラ、ココナッツ、オーク、樹脂、鉛筆、杉
	前暦	シェリー、バーボン、ドライフルーツ、ゴム

(2) 個別香

個性＝ウイスキーらしさ

共通香では、大枠として果実香、甘い香り、花香や青い香りに分かれる。そしてそれぞれの大枠の中に、細分化項目が付随する。これらを参考に評価していく。

個性香では、大枠としてウイスキー独特のピート香、穀物香、樽由来香に分けられる。それの細分化項目を参考に、具体的な特徴評価をする。

これらの共通香と個性香の評価がまとまって、個別のウイスキーの特徴がまとまる（参考『ニッカマイブレンド教室資料』）。

ブレンダーは1：1〜2に常温水を加え、約20〜25％度数にして評価していく。加水の仕方で味わいが変化することも楽しみである。

◇個人の履歴も影響

ブレンダーではない一般の人が、ウイスキーをどのように評価したか。次に示すのは、余市蒸溜所の「マイウイスキー」イベントで、10年貯蔵した一つの樽についての三人の評価である。

Aさん

色調：黄金色

味わい：スッキリして華やか、軽やかで気品がある。樽香の広がる熟成、バニラ、レモン、ミント、アップル、ややスパイシーなピート香の広がり。セミスイート、シルキーで滑らかな舌触り。

穏やかな海藻味の余韻とキレ。

Bさん

色調：琥珀色

味わい：甘く、すっきりとした樽熟成香の広がり。バニラ、バナナ、メロン、パイン様芳香。豊かな熟成。穏やかなカカオ風味が厚みをつくる。香ばしく、甘酸っぱいエレガントな味わい。海藻味の余韻スムーズ。

Cさん

色調：濃赤褐色

味わい：樽熟成香豊かで実にスムーズ。ココナッツの甘さと香ばしさ、カカオ、オレンジ様の甘酸っぱい芳香が、華やかにエレガントで落ち着きのある気品をつくる。こなれた樽の上品な穀味と快い口当たり。穏やかな苦みとほのかな海藻味が調和し、厚みある余韻となる。

バニラ、レモン、カカオ様の風味を感じて、表現している。前述した共通香と個性香が、特徴として捉えられている。気品、上品、エレガントとは、どこからくるのか。個人の履歴も影響する表現となっている。

参考として分析型の評価法を載せておく。分析型とは専門パネルによるテイスティングである。専門の評価方法や用語を使って、テイスティングしていく。

用途として、良し悪しが基準となる。目的は、品質の改良や向上を目指すこと。どちらかという

表3　ウイスキーの官能評価　分析型個別特徴

香	フェノール様香	（スモーキー、薬品臭）
	穀物香	（モルト香、穀類香）
	エステル香	（華やか、フルーティ、酢エチ香）
	甘い香	（バニラ香、蜂蜜様、カラメル香）
	樽香	（樽熟成香、バーボン樽香、シェリー樽香、新樽香）
	酸香	（酢酸様、チーズ様）
	アルコール香	（フーゼル油香、エタノール様）
	ファッティ	
	サルファリー	（酵母臭、サルファ臭）
	アルデヒド臭	（青臭い）
	異臭	（カビ臭、ゴム臭、紙臭、エッセンス臭、金気様、焦げ臭、樽クセ、生木臭）
	未熟臭	
味	異味	（酸味、渋味、苦味）

国税庁　旧醸造試験所資料

と、欠点探しが主眼となる。

ウイスキーを美味香（おいしさ）でみるか、分析型（シビアさ）でみるか。もちろん、両方で楽しむことができる。

◆補足

ウイスキーの水割り　1、2、3

もう古いことになるが（30年以上前）、ウイスキーの水割りについて、おいしい飲み方はということが話題になった。

ブレンダーの私に聞かれたので、それは1、2、3だと答えた。

社内では怪訝な反応、またいい加減な語呂合わせ的な返答をしているという視線である。

しかし、妥当な意味合いがあって表現したつもりであった。

1はウイスキー、そして2は加える水の量。ウイスキーの量に対して2倍程度水を足す。さらに氷を3個入れる。

つまりワン、ツー、スリーである。

その意図は、ウイスキーに対して余り多くの水を加えない。2倍程度でウイスキーの濃さもしっかり味わえる程度にする。

氷もザバッと沢山加えず3個程度にする。それによって、冷たくなりすぎず、氷で薄まることも抑えられる。

長くウイスキーを楽しめるだろう。

人それぞれで、押し付けるものではないが、ちなみに政孝さんも、ウイスキー1に水2の水割りをすすめていた（『ウイスキーと私』）。

第9章　味わいの補足

モルトウイスキーづくりでは、醗酵段階のエステル成分の生成量を指標の一つとして、品質評価やタイプ分けを行う場合がある。

磯の香り、潮の香り〜余市の風土と風味から

スコットランドでも海に囲まれたアイラ島のモルトウイスキーは、ピート香の他に、磯、潮の風味を持つことを訴求している。

余市のモルトウイスキーも、同じようなピーティ&ソルティ感を持つ。海から吹く微量な潮風の影響を微妙に受けている。

海辺の香りは主に磯の海藻類から発生しており、その強度、快・不快度、質は照度、潮汐などの環境条件の変化によって影響される。

このような知見に基づいて、海辺環境がもつ本来の良さを十分認識し、地域特性に応じてそれを最大限に生かす環境の修復・保全を行うことが望ましい。

磯の大気から次のような16種類の物質が検出され、昼間と夜間で種類が異なるという傾向が見出されたという（参考『香りの機能性と効用』）。

炭化水素類（プロパン、ブタン）、アルコール類（1-propanol）アルデヒド類、有機酸類、硫黄化合物（Dimethyl sulfide）、テルペン類（α-Pinene）。

◈アクも味のうち

和食の調理用語に「アクも味のうち」という言葉がある。アクも適度であれば、味に深みや趣を与え、和食特有の風味を作り出すという意味合いである。

アクの味は苦味、渋味、えぐ味を指す。えぐ味は嫌われるが、和風料理では調理の上でアク抜きに色々工夫がされて、味わいに微妙さを残し、複雑さと深みをつくり上げていると言われる。

野菜や山菜のアク味は、もともと自己保存のために植物自体がつくり出したものである。動物に食べられないように忌避物質としてつくり出し、貯えている。果物でも、種が成熟する前に食べられないように、渋味や苦味で防御している。

種が成長し、発芽の準備が整って、始めて実が熟し、芳香を放ち、昆虫や鳥を呼び、果実の栄養を与えて運搬してもらう。この時点では、渋味や苦味はなくなっている。

人は調理という手段でアク抜きをし、植物本体も貪欲に食べ尽くす。

水につけ、熱を加え、塩、酢、米ぬか、木灰、重曹などを加え、何とか食べられる工夫をする。

アクを取りすぎると、風味がなくなりおいしくないと、微妙な味わいを求めてさらに工夫を重ね、求める味わいをつくり出す。単に肉体的栄養だけでなく、精神的な栄養（おいしさ）を求めるのが、人間らしさである。

そこには甘味、塩味、酸味、旨味だけでなく、苦味、渋味に満足感を広げる知恵が働いている。ウイスキーのような蒸溜酒に、味覚的な味成分は含まれない。甘く感じても、それは糖分によるものではなく、香りとのバランス、アルコールの口当たり感によるものといえる。

樽貯蔵するものでは、樽材のタンニンやリグニンが溶出し、苦味や渋味を付加する。別にピートを使ったモルトウイスキーでは、スモーキーフレーバーのフェノール成分などが苦味をつくる。

ウイスキーは樽熟成によって味わいが創られる酒である。そのために、使う樽の選定と貯蔵環境が酒質に大きく影響する。

ウイスキーにとって樽は酸化的熟成を推進する容器であり、樽の味わいの供給物である。そのため、まず耐久性がよく、漏れないことが求められる。もちろん、樽から溶出する成分が熟成によって好ましい品質をつくり上げることが基本である。歴史上、オーク材が選ばれてきているのは、供給量も含め、ハード面（加工性、耐久性）とソフト面（品質、安全性）のいずれも、条件を満たしているからである。

貯蔵環境では、温度と湿度の影響が大きい。気温が高い方が、熟成変化は促進される。色づきもよく、樽香も強くなる。樽の効果という面では、熟成時間が短縮できる。一方で、揮発性の香気成分が飛散する度合いが大きくなり、単調な熟成になる。

ニッカが北の風土にこだわる理由の一つがここにある。元の風味を残しながら、複雑な熟成を狙うのである。そこに湿度が絡んで度数の変化に影響し、熟成を微妙にする。人智では管理できない。

あとは、何を詰めるかである。醗酵の段階で何をつくり出すのか、それをどのように熟成に繋げるか。樽詰め前の液が軽い方が、熟成時間は少なくて済む。連続式蒸溜のグレーンは、単式蒸溜のモルトより熟成が短くて済む。

しかし、だからといって、グレンがモルトの代替にはならない。逆もまたしかり。両者のブレンドによって、相乗効果を出して、新たなバランス生まれる。

ベース（蒸溜直後）の濃いモルトは樽を色々使い分けて、味わいに幅を持たせて熟成させる。ベースの軽いグレンは意図的（ベースのタイプ分け）なものを除いて、ブレンド用として樽を使い分けることは少ない。

時間を急ぐあまり過度の操作をすると、香味の荒々しい、タンニン系の渋味や苦味の強いウイスキーが出来あがる。新樽では内面を強く焼いたり、アク抜きとして水張りを繰り返したり、シェリー酒による内面洗いをする。しかし、強いアク抜きは好ましい樽成分まで除いてしまうことであり、樽の効果という熟成に対する損失が大きい。

つくり分けか使い分けか、そこに貯蔵環境が影響してくる。前処理なしで熟成させたい。そのための環境として、熟成がゆっくりとすすむ冷涼な環境が考えられる。

時間はかかるが、蒸溜時の味わいとその後の樽熟成が調和した適度な苦味を持つ、スムーズで深い味わいのウイスキーをつくる。そのためにこそ、竹鶴政孝は北の風土を選んだ、と考えている。

◇ウイスキーとエステル

ウイスキーには、エステルという成分が含まれる。醗酵時に、酵母によって副産物としてつくられる。また貯蔵熟成中にも増える。脂肪酸とアルコールが結合したものである。

酒の評価の中で、フルーティという言葉がよく使われるが、低分子のエステルは果実香を持つ。専門的にはエステリーと言われたりするが、少しわかりにくい。このエステル成分が絡む表現で、酒質の良さに通じる好ましさを表す。

一般的な化学式で表すと、次のようになる。

R-COOH　＋　R'-OH　→　R-COO-R'　＋　H_2O
（脂肪酸）（アルコール）（エステル）（水）

例えば、酢酸とエチルアルコールが結合して、酢酸エチルができる。

CH_3-COOH　＋　CH_3CH_2-OH　→　CH3-COO-CH_2CH_3　＋　H_2O
（酢酸）（エチルアルコール）（酢酸エチル）（水）

酢酸エチルは、微量で華やかなパイナップル様果実香をもつ。また酢酸イソアミルというエステル成分は、バナナ様の芳香がする。

その他カプロン酸エチル、カプリル酸エチル、カプリン酸エチル、ラウリン酸エチルなどのエステル成分はリンゴ、イチゴ、その他の果実様香を持ち、一般に果実様の香り付けに香料として使われる成分を含んでいる。

穀物酒であるウイスキーがフルーティさを持つのは、これらのエステル成分を含むためである。

醗酵条件にもよるが、使う酵母によりできるエステルの量が違ってくる。その特性を利用して、エステルを多くつくる酵母を特別に選び出し、フルーティな原酒づくりに使っている。

一般的に、このフルーティさは果実の熟した香りであり、食用するものにとっては、食するに適すということを示し、おいしさを判断する指標となる。

植物は子孫繁栄のため芳香を放つ果実をつくり、動物に実を与えることで種を遠隔地に運んでもらう。エステルはその媒介をする重要な香りであるといえる。

このエステル成分は酒つくりにおいても、重要な微量香味成分としておいしさの指標としている。酒それぞれに適する成分の質と量を研究し、品質向上やつくり分けをする。

果物を原料とする酒は、もともとフルーティなエステル香を持っている。しかし、穀物にはフルーティな香りはない。醗酵中に副産物として、酵母がつくり出す。

このエステル成分はウイスキー特有のものではなく、酒類全般に存在している微量香味成分である。清酒では吟醸香の指標となり、ビールでは爽やかさを与えるが、多すぎると味がしつこくなるという意味で、余り好まれないと言われる。

モルトウイスキーづくりでは、醗酵段階のエステル成分の生成量を指標の一つとして、品質評価やタイプ分けを行う場合がある。また、貯蔵熟成の成分的な評価にも使う。

基本的にはエステル成分は多いほうが評価は高くなる。だが、過剰になりエステル香だけが突出するような場合は、溶剤のようで異質となる。

アルコールがウイスキーに厚みや強さを与えるのに対し、エステルは華やかさ、優しさ、安心感を与えると言える。

少し強引な点もあるかもしれないが、エステルとフルーティさを関連づけてみた。

第10章　ウイスキーと熟成

1800年代後半になって、ウイスキーの樽熟成が定着した。燃える水が、世界に評価される洗練された命の水になるには、数百年の年月と社会の成熟が必要であった。

マスキングとは

醸造酒は酵母の働きを活かして、糖分からアルコール（酒精）含有飲料をつくる。自然の営みから生まれた酒である。

一方、蒸溜酒は蒸溜という、人が発明した技術を活かして醸造酒のアルコールを濃縮した酒である。酒には酒精アルコール（エチルアルコール）以外にも多くの微量成分が含まれており、それがそれぞれの酒の特徴をつくり、おいしさとなる。

蒸溜直後のものは蒸れた青臭さが強く（未熟臭、あるいは釜臭と呼ばれる）、必ずしも嗅覚を心地良くくすぐるものではない。試行と嗜好は、すぐには一致しない。

そのため、古来よりこの飲みにくさを消す（マスキング）ために、色々工夫がされてきた。その工夫によって、新たな酒質の酒が創り出されることになる。

それは「加える」「除く」「変化させる」こと、あるいはその組み合わせである。

・**加える**

味付けによるマスキング。糖分や蜂蜜を加えて甘美にする。果汁を加えて華美にする、薬草によって優美にするなど。これは新たなリキュール酒を生み出す。

ウイスキーも、ウスケボーと呼ばれる古い時代には、このタイプで飲まれていたようである。現在でもドランブイとして歴史を伝えている。

・**除く**

別の技術や媒体を使って、刺激や不快臭を取り除く。

ウォッカ、ラム、焼酎などの樽貯蔵しない、白物といわれるスピリッツになる。白樺炭や活性炭、さらにイオン交換処理で、強制的に癖を取り除く。さらに蒸溜の精溜設備や技術の進歩による無臭化も、白物の発展に貢献する。

単式蒸溜機の組み合わせから発展した連続式蒸溜機の特性を使って精溜度を高め、軽く、クセのない酒とする。連続式蒸溜機はさらに進化して、石油精製技術の基礎となった。

焼酎では減圧蒸溜という独自の技術で、すっきりした味わいをつくり上げた。

・**変化させる**

容器に詰めて時間をかけて、クセをなくし、おいしくする。特に樽は密閉ではないので、外気と液との接触による酸化、エステル化反応などによって、芳香が高まる。

また樽の成分が溶け出して、新たな味わいが加わることになる。保管容器としての樽が、保管期間による香味成分の付加の原料となり、新たな熟成の発現による樽熟成酒を生み出す。

その変化は周囲の空気、温度、湿度などの影響を受ける。時間の経過とともに、それらの成分が変化して熟成という総合的なおいしさをつくり出す。

当然樽、の材質や使用頻度で熟成度合いが変わる。そこに環境条件が加わって、熟成が複雑になる。そしてウイスキーやブランデーなどのブラウンスピリッツが出来上がる。

このように、補強（リキュール化）、除去（ホワイト化）、熟成（ブラウン化）による矯正のための工夫が蒸溜酒を多様化し、多彩なおいしさを創り出した。

その中でウイスキーは樽熟成という道を追求することで、時間、自然と共存する独自の文化を持つ酒としての地位を確立した。単なるエキスの抽出ではなく、時間との共存を加味した酒をつくり上げてきたのである。

◆スコッチウイスキーと熟成

1494年のスコットランドの財務相公文書の記録によれば、麦芽からつくった命の水、アクアビタ（aquavitae）と呼ばれたスピリッツを発祥とすると言われるスコッチウイスキーは、当初から樽で熟成されていたわけではない。

樽を使った貯蔵熟成が本格的に始まったのは、19世紀後半からのようである。それまでは蒸溜して出来たアルコール度数の高い（60％程度）無色透明のものを、生のままで飲んでいたようである。スコットランドに旅行にきたイングランド人が、その飲み方を見て、とんでもない飲み方をしているとと畏怖したという話も残っている。

１８００年代後半になって、産業としての樽熟成が定着した。それまでは蒸溜直後のクセの強いものが、そのまま飲まれていた。薬や火薬の材料から始まる燃える水が、世界に評価される洗練された命の水になるには、数百年の年月と社会の成熟が必要であった。

樽熟成の記録として、19世紀初頭にエリザベス・グラント（Elizabeth Grant）が『Memoirs of a Highland Lady』の中で、「自宅の酒庫で樽やコルク栓を抜いた瓶に長い間入れておいたウイスキーは、ミルクのようにマイルドで真の禁制品」だと書いている。しかし、それはあくまでも富裕者の趣味に止まっていた。

長期間貯蔵するためには大きな資金が必要で、樽熟成は１８００年代後半にブレンデッドウイスキーとして市場が拡大するまで、定着しなかった。

他方、ハイランドで密造が盛んだった同時代に、ウイスキーを隠すために使われたシェリー樽が熟成の価値を高めた要因にもなっているようだ。スペインから輸送されて来たシェリーの空樽とウイスキーとの相性は抜群で、甘味ある濃厚な熟成ウイスーが出来る。ブランデー樽やマディラ樽も使われていたようだが、ウイスキーとの相性や供給量などで継続はしなかったのだろう。

今のシングルモルト、当時セルフウイスキーと呼ばれたものも、シェリー樽熟成をあえて訴求したものがあったようだ（ダルモア他）。

イギリス人のシェリー好きによって運ばれてきた樽容器が、そのあとウイスキーの熟成に使われ

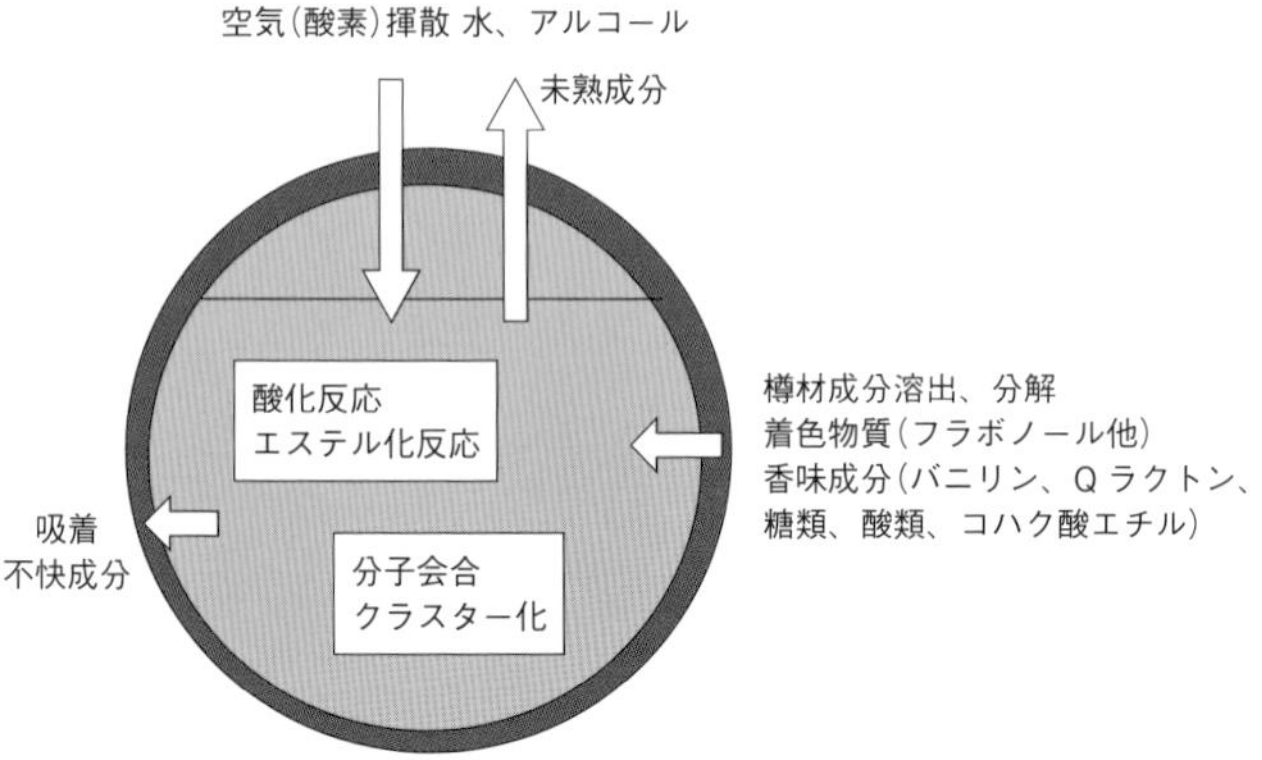

図1　ウィスキーの熟成　模式図

（ニッカブレンダー室作成）

樽貯蔵庫（講習会資料より）

ていったのは偶然であったが、それが熟成に最適な結果を導き出したのは、あたかも必然的な出会いであったかのように思われる。いわば運命的な出会いが、世界の酒をつくる要因となっている。

◈熟成という現象

樽熟成とはどういう現象なのか、図1のように科学的な解明が試みられている。

何よりも、樽はウイスキーの複合反応容器である。

樽は貯蔵容器であるとともに原料であり、熟成反応容器である。単なるゆりかごだけでなく、熟成の原料として刻々変化している。時間と自然を媒介する複合反応容器である。まさに、身を切りながらウイスキーを美味しくしていくわけである。

いかに熟成させるか、人の知恵と意志が入る。

・樽熟成の意味

ウイスキーづくりにおける樽熟成とは、出来上がったものを、単になじませるとか、口当たりを良くするという程度のものではなく、つくりそのものである。

ウイスキーは本溜基質、樽質、環境、時間の総和で熟成していく。

その熟成変化は、気候風土も含めて複雑に作用しており、人智ではまだコントロールできない。方向付けはできるが、自然環境による経時変化が作用している。

熟成の変化を腐敗ではなく、美味化と感知するところから価値が出る。

樽（オーク材）のサイズ・種類（講習会資料より）

樽焼き前の新樽

樽焼き後の樽

内面焼き

樽焼き前の新樽内面

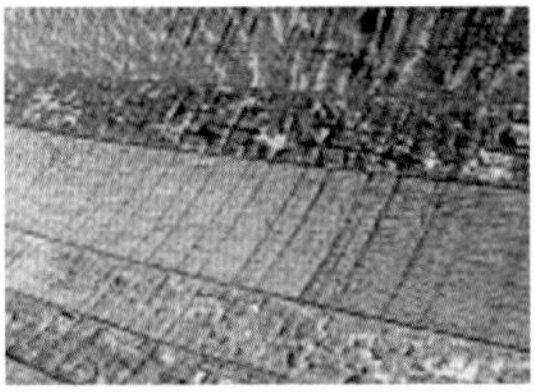
樽焼き後の樽内面

樽づくりの工程（講習会資料より）

・樽熟成の中身

熟成の中身について、完全に解明されてはいないが、現象としての変化を次のように整理した（模式図も参照）。

①　消失：未熟性の消失による、青臭さの低減

②　溶出：樽から色素、芳香成分や微量な糖分、タンニン等の溶出による、甘さ、香ばしさ、コクの出現

③　増加：果実香や花香の増加による、芳醇さの出現

④　改善：水とアルコールの融合による刺激の減少がもたらす、まろやかさの出現

⑤　増幅：アルコール、水の揮散による（天使の分け前）香味成分の濃縮芳醇化

・なぜ焼くか

ウイスキーの熟成に使う樽材は、通常内面を焼いて使用する。樽の内面を焼くのは、マイナス（負）要因の除去と熟成効果の促進のためである。

①　負要因除去：生木臭抑制、熟成効果促進

②　成分調整：着色、香ばしさ、バニラ・ナッツ香付与

③　木目調整：木目を開き、溶出効果を大にする

④　吸着効果：炭化層による不要成分の吸着除去

・樽材の焼き方と熟成効果

①　薄焼き

効果：色付きは穏やかで、もとの風味が強い熟成となる。

味わい：フローラル（花の香り）でモルティ（麦芽の香り）

②　中焼き

効果：色付きは適度で、樽香ともとの風味が調和した熟成となる。

味わい：フルーティ（バナナ、メロン）でスイート（バニラ、カカオ）

③　濃い焼き

効果：色付きは濃く、樽の風味が強い熟成となる

味わい：フルーティサワー（オレンジ、パイン）でウッディ（コーヒー、チョコレート）

・貯蔵環境と熟成

①　温度

イ．溶出成分　　低温＜高温

ロ．熟成の速さ　　低温＜高温

ハ．揮発性　　低温＜高温

ニ．欠減　　　低温＜高温

②　湿度

イ．アルコール度数　低湿（上がる）⇕高湿（下がる）

③　空気（風）

イ．温度変化による膨張や縮小の影響

このような熟成作用から、どれだけの夢がつくれるのか。葛藤は継続する。繰り返しになるが、これらの変化は樽質、温湿環境、時間などが複合的に影響しており、人為的な管理はできない。方向付けは出来るが、あとは自然現象にまかせることでおいしさが出来上がっていく。

熟成にとって、ナチュラル感が一番大事なことである。人間は不自然さを感じ忌避することで、感覚を磨いてきたからである。

◈風土がウイスキーをつくる

時間をかけて熟成させるということは、周りの環境の影響を受けながら熟成が進むということである。特に樽貯蔵では、環境の影響を受けやすい。

樽の目を通したウイスキー自体のアルコールや水の揮散、さらに揮発性微量成分の揮散、これらは周りの気候変動、気温や湿度、気圧の影響を受けて変化する。天使の分け前と言われている目減り（欠減）があり、貯蔵ウイスキーの度数の変化が起こる。

気温については、高温ほど化学的（成分変化）、物理的（抽出変化）変化が大きくなり、欠減も増える。熟成が早くなるといえるが、もとの成分の揮発性も高まり、樽味の強い、単調な熟成になる傾向がある。また変化の大きさと欠減の多さを考えると、長期貯蔵に向かないといえる。

低温では熟成の変化は遅くなり、時間がかかる。樽の効果も強く出ず、その分、元の味わいがしっかり残り、複雑な熟成となる。

貯蔵環境はものづくりの価値観とも絡む問題となる。バーボンなどでは、冬場にボイラーの排熱を使って貯蔵庫を加温しているところもあると聞く。

湿度は貯蔵度数の変化に影響する。高温低湿では、貯蔵中に度数が上昇しながら熟成がすすむ（バーボンなどの環境）。貯蔵度数は低めに設定する（60％前後）。

逆に低温高湿では、度数が下がりながら熟成していく（スコッチなどの環境）。熟成に適性と判断し、貯蔵度数はやや高めに設定する（63〜65％）。貯蔵効率からみれば気温は高いほどいいが、薄い熟成になる。

貯蔵庫内においても上下で変化し、熟成に微妙に影響する。差が大きければ、管理を別にする必要がある。日本は南北に長いので、高温・低温、両方の要素を持っているといえる。

ウイスキーづくりの環境については、政孝の次の言葉が示唆に富む。

「ウイスキーのことを知れば知るほど、風土や気候、水などの条件が絶対であること、いや風土そのものがウイスキーをつくるというこの地方の思想がわかり始めてきた。自然の条件のもとで時間をかけて熟成を続けてゆく様子は神秘というほかはない。」（『ウイスキーと私』）

◆人間に出来ること
ウイスキーづくりで人の知恵が関与出来ることは、次のようなものである。
・原料選び
出来る原酒の品質とアルコール収率の良いものから選ぶ。つくり分けの基準にもなる。品質と収率はおおよそ相関するが、品質優先が長い目でみて正解のようである。
・ピートの燻煙程度
モルトウイスキーづくりにおけるピーティフレーバーである。燻煙や薬品的で個性の強い独自の味わいとなる。現在ではノンピート麦芽が多くなっているようだ。飲みやすさと個性の葛藤する基準である。選択は企業ごと、時代の嗜好にも影響される。
・酵母選び
スコッチでは酵母メーカーのつくる共通の酵母を使う。ニッカでは独自の酵母を選択し、つくり分けに活用している。品質の目的に応じて使い分ける。
・醗酵条件（麦汁条件、醗酵管理条件＝温度、時間）
ウイスキーは無蒸煮、常温上面醗酵なので、乳酸菌の関与が品質に微妙に影響する。いわば善玉乳酸菌をうまく使いこなせれば、醪にサワーな特徴が出てくる。

・蒸溜条件（蒸溜方法、釜の形状、カット条件、冷却方法）

余市の石炭直火焚きでは、熟練者が1000〜1100℃の高温で安定した蒸溜をする。初心者は蒸溜温度が低くなりやすく、安定させることができない。

・貯蔵度数条件

貯蔵中にアルコール度数が下がる環境では、やや高めで詰める。逆に上がるところでは、やや低めに設定する傾向にある。60％を基準にして上下するようだ。この辺りに熟成効果としてのピークがある。貯蔵スペースの効率化からは、できるだけ高くしたいという実利的な選択も出てくる。

・樽選び

樽の効果は貯蔵環境に影響される。均一を狙うか、ばらつきを優先するかによっても、選択基準が変わる。樽は味付けではなく、熟成そのものである。本溜液（蒸溜液）との調和が肝要となる。

・色

蒸溜したての樽詰め前のウイスキーは、無色透明である。たいていの人は初めから色がついていると思っているため、貯蔵前の無色のウイスキーを見て驚く。ウイスキーの色は樽貯蔵による、微量な糖類の溶出とカラメル化、糖類とアミノ酸の分解反応（メイラード反応）による褐変物質の生成などによって、熟成中につくられ、独特の琥珀色に変わっていく。

・種類

ウイスキーは色々な履歴の樽を活用する点に特徴がある。活用せざるを得ないという面もある。多くの樽を必要とするため、時代で入手できるオーク樽を使いこなす必要がある。

シェリー樽はスペインから輸入するシェリーの輸送樽の活用から始まり、歴史は古い。濃い色合いがつくので、特徴がはっきりする。ほのかなシェリー風味、酸味と甘みが、安心感を与える。かつてはスコットランドでも新樽をつくっていたようだ。最近では話題つくりのスポットとして注目されたりしている。

現在は、バーボンの空樽がメインになっている。１９５０年代からと、歴史はそれほど古くない。バーボンでは法律上、新樽しか使えない。その空樽をスコッチウイスキーの新たな熟成樽に転用することは、自然の成り行きだろう。バーボン空樽は解体して、スコットランドに送られる。そしてバレル樽（約１８０ℓ）やホグスヘッド樽（約２５０ℓ）に組み替えられて、使っていく。それが新たな熟成香を生み出す。バニラ香やほのかなバーボン風味に特徴がある。

また、多くの樽は熟成用樽として再使用していく。結果として、50年以上使うことになる。使用回数が増えるほど、樽材成分の溶出が低減していく。色合いも薄くなり、効果の面では熟成時間の浪費になる。しかしその分、フローラルで柔らかなモルティ感のあるスムーズな味わいが磨かれていく。数回使用後、鏡面だけを新材に変えたり（リメード）、内面を焼き直したり（リチャー）して、樽の効果を復活させて使っていく。もちろん新樽の効果とは異なるが、熟成感のある、別タイプのモルト原酒として、ブレンドに使っていく。

日本にも同種のミズナラ材がある。ニッカも当初は、北海道のミズナラを製樽して使っていたが、供給量が足りなくなり、アメリカのホワイトオーク材に代えていった。最近では、日本オリジナルということで再度注目されている。

第11章　ウイスキーづくりの視点

ブレンドによる設計の試行は、まず感性で全体イメージをつくり、次に理性でイメージに合う処方を組み立てる。さらに官能による感性判断を繰り返す。

◆感性と理性の葛藤

ウイスキーは人間の感性によっておいしさを楽しむ酒である。おいしさは瞬間的な感性判断が決め手になる。理性は裏付けを探す手段となる。

おいしさを判断するのは、右脳的感性であろうか、それとも左脳的理性であろうか。いずれかが優先されるものなのであろうか。

ブレンドによる設計の試行を、感性と理性という観点から見てみると、まず感性で全体イメージをつくる。そして理性でイメージに合う処方を組み立てる。さらに、官能による感性判断を繰り返す。

次に、感性判断の理由を理性が探る。そして理性が次の手を考え出す。その考えに基づいてブレンドを行い、修正された品質をつくる。さらに感性に問う。

ブレンドとは、ブレンダーにとって感性と理性の葛藤の場である。

表１　ブレンド５つのそう造

①想造：品質の構想 味わい立案と設計	→商品と品質イメージの融和 和芳熟
②捜造：該当素材の選定と選別 選定・選別　サンプリング	→経験と勘の挑戦 ベース、個性、芳醇
③操造：ブレンドによる試行錯誤 １次試作　理性試作	→官能力と思考力の葛藤 基本枠の構築
④相造：プレモデルの作成 ２次試作　感性試作	→ワンドロップの効果 嗜好を喚起する仕上げ
⑤創造：上市と市場評価 商品化	→製販の一体化、天命を待つ 納得性

◆５つのそう造

ブレンド作業を、５つのそう造で整理してみる。想造、捜造、操造、相造、創造である。

(1)　想造

求められるコンセプトにふさわしい品質をいかなるものにするか、自分の中でつくりあげる。漠然から具象へ、イメージを膨らます。

(2)　捜造

想造した品質をつくりあげるための素材原酒がどこにあるのか思いを巡らし、適合すると思われる該当原酒を、実際に貯蔵庫からサンプリングする。

熟練したブレンダーは、自分の貯蔵庫を持つ。実際に貯蔵している庫とは別に、自分で自由に取り出せる、頭の中にある仮想の貯蔵庫である。品質、品種、量、コストを加味したすべての在庫を整理、統合した庫である。その庫を鳥瞰することで品質全体を把握し、将来の予測、欠落の把握が出来る。

ブレンダーは、常に代替原酒を用意しておくことも求められる。個別の原酒をいつでも探し、取り出すことができる。現在では、原酒在庫は品質を含めてすべてコンピューター管理されているので、在庫や場所を簡単に検索できる。

しかし、経験を通した自分の庫は必要と考える。その庫を常に眺めることで、新たな発見や発想が生まれてくる。「これがある、使えないか」「これができるかも。やってみよう」と。

(3) 操造

採取した該当原酒を使って、ブレンドによる試行をする。感性と理性の葛藤作業である。不足と思われるものを再度探し、補充する。

ここでは見極め力と組み立て力が求められる。個々の原酒の特性を見極め、活用度の有無と使用率を算定し、試作していく。もちろん一回の試作で終わるものではなく、何度も悶々と試作を繰り返していく。

突然の閃きで、大きく改善されることがある。そしてまた悶々が続く。この悶々を楽しめなければ、ブレンダーは続かない。

(4) 相造

いくつかのプロトタイプをつくりあげる。いずれが商品コンセプトに合致するか、評価し直し、絞り込む。場合によっては、嗜好調査をする。その結果を踏まえ、さらなる想、捜、操、による修正を行う。そして製品となり、商品となる。

(5)　創造

目標は創造商品である。市場で高く評価される品質をつくるために、ブレンダーはこの5つのそう造を繰り返す。

◆将来に向けて

ブレンダーは右脳（感性による質づくり）、製造現場は左脳（理性による質つくり）といえる。品質づくりは、両者の機能がうまくかみ合うことで維持され、向上していく。

それでは両者の接点をどのように繋げば、お互いの機能がフルに活用できるのか。

私がブレンダーとして仕事を始めていく中で、現場の人との接点をどのように進めていけばいいのか、考えたことがあった。

ブレンダーとしては日夜、感性、官能力で仕事を進めている。しかし、数値化して理解することが難しい官能評価だけで、現場の人に納得してもらうことは容易ではない。

そこで官能評価と分析評価の両面から、次のような接点づくりに力をいれた。

(1)　官能による判断基準の共有

官能判断の面からまずやったことは、現場に行き、同じサンプルを一緒に唎酒し、意見を交換し、こちらの判断、考えを理解し納得してもらうこと。採点する場合には、その差の程度の判断基準を共有できるようにする。官能面でも同じ土台に立つことになり、お互いの信頼感が深まる。

日々原酒づくりに携わっている人も、単に指示されたことをやっているわけではない。自分の手で優れたウイスキーをつくりたいという思いで、仕事をしている。自分が手をかけた原酒が将来どのように育ち、使われるのか、期待している。

それだけ厳しくブレンダーを見ている。夢を託されている責任は重い。

(2) 数値による確認

官能だけで品質判断を共有化することには、限界もある。意見が合っていても、それぞれ個人の感じ方や捉えているものが、違うかもしれない。未知の誤解（?）の違いを修正し、方向性を確認し合い、次のステップに進む必要がある。そのために、何らかの化学成分による数値化できる指標があれば、お互いの納得性が高まり、進めやすくなる。分析技術の進歩や高度化も役立つ。

ブレンダーも、官能だけですべてを判断しているわけではない。成分パターンを追求することが有効なら、そちらを優先する。

原酒のつくり分けは、成分追求と官能確認で進める。ただし、その成分はあくまで一つの指標であり、絶対指標ではない。

官能的に追求する品質は、総合的な感覚判断となる。

（3）　視覚的共有

物事を理解する上で視覚の力は大きいといわれる。単純な数値表より、図表の方が理解しやすい。

多変量解析による図表化にこだわった時期があった。主成分分析とクラスター分析などを活用し、現状と目標を図示化する。これによって、個人的にも考えの整理ができ、説明もしやすくなり、互いの理解度が高まった。

ここでは全体管理（官能）と細部管理（分析）を有効に使い分ける技量が、ブレンダーにも要求される。しかし、数値優先ではない。

官能はアナログの世界である。そうありたい。

◆見極める力

見極めるとは、調査、発見、確信、決断することである。試行し、結果を調べ、新しい発見を見定め、方向を決める。

2001年のベスト・オブ・ザベストを受賞したカスクを事例として、ウイスキーづくりにおけるブレンダーとしての見極めを考える。

きっかけは、余市の石炭直火蒸溜と人の知恵から生まれた技術、そして余市の自然の力（気候環境）によって10年の歳月で結実した原酒であった。知恵の一つは、ホワイトオークの新樽で貯蔵したこと。新樽の在りように、少し冒険をしたことである。

新樽は、そのままでは樽のエキスが強く出て、樽香が強くなり過ぎ、渋みや苦味が出すぎる。

バーボンウイスキーはその「過ぎる」を利用して樽香の強い風味をつくり出している。高級アルコール成分が高い基本風味には、適していると思われる。

モルトウイスキーづくりでは、「過ぎる」ということが欠点になる。そのため、新樽を使う場合には、お湯張りやシェリー酒処理をし、アク抜きをして「過ぎる」という欠点を除いて使う。しかし、それではせっかくの新樽の効果が薄れてしまい、コストの高い樽を入れる意味がなくなると考え、アク抜きなどの前処理をしないことにした。

内面焼きの条件など少規模のテストを数年間やり、最適と思われる条件を決め、貯蔵を開始した。その意図は、熟成樽の多様化をするため、ブレンドに使うモルトの幅を広げるために、挑戦したものである。

樽のコストは高くなるので、それに見合った価値がつくれなければ徒労に終わる。余程の付加価値がなければ、採用できない樽種である。

カスクで商品化することを、想定はしていなかった。それで本当にうまくいくのか、樽のエキスが出過ぎる危険性をはらみながらの導入であった。

もしダメなら、事前に対策は考えていた。それはコニャックのように詰め替えるということである。コニャックではリムザン新樽に詰めたあと、半年くらいで古い樽に詰め替えて、長期の貯蔵を続けるのが一般的のようである。確かにリムザン樽はエキス分が多く、詰め替えをしなければ樽癖の強い、バランスの悪い品質になるだろう。それも樽の効果を活かす知恵である。

ウイスキーでは通常詰め替えはやらない。その結果、樽種や履歴が色々あり、品質の均一をあえて狙わないのが狙いである、ということになる。

しかし、今回はアク抜きの事前処理をしない新樽貯蔵のため、想定を超える樽癖が出る可能性が考えられる。そこで5年目の熟成状況を見て、どうするか判断しようと決めていた。5年という根拠はないが、5年まで様子を見る。

5年目で樽香が強過ぎていたら、詰め替える手を打つ。5年目ならまだ修正が効くと考えた。10年経つと、もう修正が難しくなる。

方向付けの判断時期を迎え（もちろんそれまでも定期的に熟成状況を把握しているが）、5年目を迎えた。改めてサンプリングし、評価したところ、想定以上の良好な熟成状態が認識できた。

気がかりだった樽癖も強くなく、バニラ香もしっかり出て、ピート感、フルーティさと調和した熟成がすすんでいた。苦みや渋みも気にならず問題なし。まだ若いが、あと5年おけば立派な原酒になると判断し、そのまま新樽貯蔵を進めた。

これが見極めである。

もしこの時点で樽癖が出過ぎで、これ以上は無理だと判断して詰め替えていたら、10年目のベスト・オブ・ザベストの受賞はなかったことになる。

ウイスキーづくりにとって、いかに見極め力が大切であるか、実感させられる出会いであった。余市の風土があってこそ、できたものであると認識した。

これがまさに政孝が明言していた、人智では克服できない自然の力である。

余市カスク10年の受賞は、出来すぎの偶然である。それでも一本の線で繋がっていたと感じる。ブレンダーの勝手な思い込みかもしれない。しかし不思議な縁だという思いは消えない。何十万樽の中のたった一樽から生まれた偶然だから。

第12章　ブレンダー生活点描

モルトづくり、グレーンづくり、そして商品づくり。ブレンダーとして納得できるシナリオを、長期戦のつもりで具体化していった。

ニッカウヰスキーに入社

1969（昭和44）年4月、ニッカウヰスキーに入社した。

食品関係のものづくりに関心を持っていたが、ニッカについては知らなかった。会社紹介記事を調べたところ、竹鶴政孝というウイスキーづくり一筋の人物が起こした個性的な会社である。ものづくりにこだわるという点に惹かれた。もちろんブレンダーという存在はまったく知らなかった。

私は1946（昭和21）年2月京都市内で生まれた。名前の茂生はシゲオと読む。加茂川の近くで生まれたことから付いたようだ。うろ覚えだが、下鴨神社の宮司に頼んで命名したということを、子供の時に父親から聞いた記憶がある。今では「茂生」を「モセイ」と呼ぶ人が多くなっている。まさに茂生は加茂川（カモガワ）との接点から来ているので、気に入ってきた。「モセイ」と呼ばれるまま、現在に至っている。

家の2階からは大文字山がくっきりと見え、毎日眺めていた。盆の送り火の時に「燃える大」がゆっくり、はっきり楽しめた。大学は農学部に入学し、学科での専攻は自然と関われる土壌学を選んだため、酒づくりとは直接の関係はなかった。

入社試験の面接で土壌専攻なのになぜニッカを選ぶのかという質問があった。当然であろう。統計学を学ぶために土壌を専攻したなどということで切り抜けた。実をいうと、統計学は苦手だった。

簡単な嗅覚と味覚テストがあり、ウイスキーとブランデーなどを識別する項目があった。ブランデーなど味わったこともなく、果たして当たっていたのか、未だに不明である。

◆石造りの建物

入社して最初の赴任地が余市となった。京都人の母は「なんで熊の出る怖い北海道に、わざわざ行かなあかんの」と心配した。私は他の技術系二人とともに、北海道工場にあった研究課勤務となった。

これが幸いであった。ニッカ発祥の地に、何らバイアスのない新鮮な感覚で踏み入れることができた。上野から夜行と、生まれて初めての青函連絡船に乗り、前途への期待は高まる。札幌の支店に寄り、小樽経由で余市に着く。途中、車中から見える灰緑色の冷たく波打つ海を眺めて、いよいよ来たかと気持ちが引き締まった。

木造の駅の改札を出て、さて工場はどこかと見回したところ、少し離れた正面に、周りと隔離したアーチ状の入り口と石造りの建物が見える。意外と駅に近いな、と感じながら進んでいく。1969年5月の連休のことだった。

そこからは、別世界に入る。アーチを潜ると、一気に広がる不思議な調和感のある風景。赤い屋根のキルン塔との初顔合わせ。

これがウイスキーをつくる環境なのかと感動する。誰が、どうして、何があるのか。興味と関心が、胸底に大きく湧いてきた。

◈「くんくん」を繰り返す

余市では研究課所属として、「ウイスキーとは何ぞや」から出発。研究課は余市工場の品質だけではなく、他の工場で壜詰めされたものが毎月送られてきており、それらの品質検査もしていた。官能検査として、朝から夕方まで「くんくん」を繰り返した。新入社員のＯＪＴの官能訓練になる。これにより、品質差と良悪の識別力がついてくる。

スコッチウイスキーなど、他社のウイスキーをいろいろ利き酒して、ウイスキー全体の品質の世界を把握し、自分なりの判断基準をつくり上げていった。

ウイスキーも成長期に入り、壜詰めも忙しく、活気にあふれていた。

◈政孝翁との出会い

政孝は既に東京住いで、接触する機会はなかった。しかし、新製品の品質決定などのため、研究室に来ることがある。その時には少し離れて、利き酒している様子を眺めていた。

利き酒グラスを両手でやさしく包み、静かに鼻に近づけ、グラス面をたどるように香りを確認していく。眼光は鋭く、周りはピリピリする空気が流れる。そして、「よくやった」という一言で、安堵の凪に変わる。

夏場には、避暑を兼ねて来た。その時には従業員を皆集めて、ニシン御殿を転用した会館で盛大なパーティーが行われた。工場長を始め幹部陣は、緊張して迎えている。来場前には、工事も中断し、道路傍にあった機材は撤去、まさにゴミ一つない会場になる。宴会中は政孝の大きな声が会館に響き、皆を和やかにしてくれた。

政孝は、知己の幹部には「おまえ、おまえ」と呼びつけにする。嫌味のない口調で、緊張する雰囲気ではない。宴会の終わりには、政孝が好きだった、「雪の降る街を」を全員で歌って見送った。政孝も感動し、少し涙ぐんでいるようにも見えた。リタとともに歩んできた、長きにわたるウイスキー人生を懐かしむように。

勝手な推測であるが、スコットランドに留学した後、しばらくして孤独感とホームシックに苛まれ、気丈な政孝も少し鬱状態になったのだろう。それを救ったのがリタであったことは、間違いない。

◆青森へ

余市での勤務は2年半で終わった。1971（昭和46）年の秋、弘前工場で行う新たなシードルの開発の応援を指示された。半年の出張後、1972年4月には弘前工場に転勤となった。

創業当初、余市ではリンゴが政孝のウイスキーづくりを支える果物であった。その後もニッカとリンゴとのつながりは続き、アップルワイン、アップルブランデーを余市でつくっていた。

1960（昭和35）年に弘前に工場を建設し、りんご関連の製造を移していった。さらに1965（昭和40）年に岩木山を望む景勝地の岩木川沿いに新工場をつくり、ウイスキーのボトリングも始めた。

私が出張した当時の弘前工場長黄木信夫は、青森のリンゴを使った酒類その他の加工商品の開発に熱心な人であった。ニッカでは既に、リンゴ製品はマイナーな扱い品であった。しかし、リンゴに対する政孝の思いの具体化として、シードルに再挑戦することになったのである。その技術的なサポートとして赴任したわけである。

さらに、リンゴジュースの中身開発にも取り組んだ。穀物原料のウイスキーとは違った、季節制限のある果物を使うものづくりに興味が沸いた。そして青森県のリンゴの歴史、先人の苦労をかじり知り、自分なりに何が出来るか考えることも多かった。

味わいある津軽の言葉にも次第に慣れて、人情の厚さに触れるほどに弘前が好きになる。弘前には5年間勤務した。リンゴでそれなりに実績もあげ、周りからも評価されていたと思っていたので、離れたくはなかった。政孝の意気込みは高かったが、残念ながら市場が受け入れるまでには成熟しておらず、最終的にシードルのプロジェクトは中断することになった。

◆再び、ウイスキーへ

1977（昭和52）年4月、東京本社管轄の品質管理センターに転勤となった。まだブレンダーの仕事ではなかった。弘前におけるリンゴ関係の仕事は、後任の小川徳一郎が引き継いだ。その後小川は本社商品企画開発部門に転勤し、マーケ的能力を存分に発揮することになる。この弘前での繋がりは、ニッカが１９８４年以降に展開した「さまざまなおいしさづくり」の開発を共同で進めることなどに発展する。

１９７８年秋、千葉県の柏工場の敷地内に、新たな生産技術センターが設立された。品質管理担当の我々も、そこに移動した。ブレンド関連処方設計、中身開発部門も一緒になった。そして３年後の１９８１年、センター内異動で、私がブレンダーの責任者となった。

それでも、どれだけこの立場にいられるかは保証されたわけではない。通常なら数年での異動がある。周りからは、弘前でリンゴのことに集中していたので、佐藤はウイスキーのことは知らないと思われていたようだ。

しかし、個人的にはブレンダーでやって行こうという気持ちは固まっていた。ブレンダーになって、機会の出現を待つ。

モルトづくり、グレーンづくり、そして商品づくりに納得できるシナリオを、どのように具体化していくか。日々の課題をこなしていきながらの長期戦をしていこうと腹をくくった。

◈ブレンダーとして

ブレンダーは万能ではない。しかし万能を求められる立場でもある。試行錯誤を繰り返しながら、品質づくりに対して前向きな方向付けを求められる。欠点の中からも光を見つけなければ、次に進めない。ブレンダーには硬軟のバランスが大切である。柔軟性の意味を理解し活かすことである。

その後、ウイスキーも成長に少し陰りが見えてくる時代に入った。

1984年に、初代チーフブレンダーとなった。そこから、アゲインストの風が吹きまくる時代に入った。知恵を出し合い、他部門と協力し、転覆しないように品質の舵取りに専念する。自分なりのシナリオを描き、短期と長期的な課題の提案と、現場との一体化を基本にした品質づくりに専念していった。

政孝と、その跡を引き継いだ威の竹鶴イズムの伝承と、さらなる付加価値付けである。

1989（平成元）年の級別廃止以降の激減期は、試練と力の貯え時期であった。

市場の低迷の中、1997（平成9）年に第3代マスターブレンダーに就任した。初代は竹鶴政孝、2代目は息子の竹鶴威であった。威さんが高齢化したことに伴って、初の親族以外の就任となった。時代とは言え、まさかの指名であった。

その後、品質の蓄積と市場の風がフォローに変わり出し、10年の長いトンネルの先が見え出した。後任のチーフブレンダーは杉本淳一、久光哲司、佐久間正、尾崎裕美に引き継がれている。

◆霞を食べて？　ブレンダーの節制

ブレンダーとして、生活の節制とは何か。別に社内の規律や規範などはない。強制はパワハラ、家庭崩壊につながる。極端になれば、栄養障害を起こすことになりかねない。

あくまでも個人の考え方に委ね、ブレンダーとしての姿勢であると考えることが無難だろう。ストイックに考えすぎると、続かない。

個人的に、官能を仕事とする者として節制としてきたのは、次のようなことである。避ける具体的な食べ物などとして、「か、き、く、け、こ」などを控えた。

「か」辛いもの：カレーライスなどの香辛料の強い食べ物
「き」喫煙もの：喫煙、燻製品など
「く」くさいもの：餃子、納豆、キムチ、くさやなど
「け」化粧もの：香水、整髪料、
「こ」香ばしいもの：コーヒー類

ただし、週末は「き、け」以外を許容した。妻は、私が出張する時を見計らって、カレーをつくるなどしていたようだ。

これが30年来の習慣になった。苦痛と思うと続かない。当たり前となると、慣れてくる。そして、カレーライスも欲しくなくなる。

社内食がカレーライスの時には、カレーの香りで白い飯を食べるという異様な光景となった。おかげで、霞を食って生きていると揶揄されたものである。

年齢による加齢臭も注意が必要だ。ところで、カレーライスが認知症予防になるという最近の話題もある。これは、カレーに使われるウコンに含まれるクルクミンの効果らしい。これからは重点的にカレーライスを食べて、取り戻す必要があるかもしれない。

しかし、間に合うだろうか。節制が老化につながるなら、強調するのも善し悪しというものである。

表１　食生活で避けた食べモノ

「か」	矛盾　麺類の唐辛子は我慢できるが、「うなぎ」にはやはり「山椒」が不可欠。
「き」	政孝さんは時に葉巻を愛用　→　不肖の弟子か
「く」	たまに週末には自分で餃子をつくって、家族に提供していた。罪ほろぼしか。大豆たんぱくは豆腐から。納豆はさける。腸内フローラーは如何に。
「け」	化粧品、整髪料等香りの強い物の使用は避ける。合成香料を忌避する偏見
「こ」	コーヒーを一杯やって、テイスティングに入るという著名な評論家もいる。それぞれのルーティンである。ISCのウイスキー審査の時、審査場脇にあるコーヒーセットの撤去を求め怪訝な顔をされた。

◈ブレンダーの煙

もう30年以上前の話である。時効だと思うので、書いておこう。ある出版社が「ブレンダー対談」という企画をした。当時のウイスキーメーカー４社のチーフブレンダーが集まり、質疑応答をやっていくものであった。

司会者から「ブレンダーは日頃節制されているのでしょう」という問いかけがあった。私は、「一例として、たばこは当然喫いません」と言ったところ、他の３名もそうだそうだと同意した。そうか、皆さん同じだなと納得した。

その対談が終わり、せっかく集まったので近くのバーに行って懇談しようということになった。バーに入り席に座った途端、他の３人がポケットから煙草を取り出してプカッとやりだした。それをとがめるつもりは全くないが、そんなもんだと言葉がなかった。

また随分以前に、とある英国のブレンダーと会ったのだが、彼はこんなことを言っていた。「私はウイスキーの香りを利くとき、ウイスキーを注いだグラスにパイプの煙をフッーと吹きかける。この煙の隙間から立ち上ってくるウイスキーの香りを嗅ぐのさ」と。奇妙奇天烈と思われそうだが、彼曰く「普段、ウイスキーを飲んでいるときと同じ状態で香りを嗅いでいるのだ」ということだった。

「よくブレンダーは（嗅覚を研ぎ澄ませておくために）煙草を吸わない、刺激物を食べない、人によっては整髪料もつけない、というが、政孝親父は缶入りの両切り煙草を吸っていた。時にはふらりと蒸溜所を抜け出して釣りに出かけたり、囲碁を打ちに行ったり。それが息抜きとなって新しいウイスキーづくりへの英気が養われたのではないか。ちなみに私はふらりと抜け出すことはしなかったが、仕事が終わり、肩の力を抜いてバーや家でウイスキーをのんびりと味わうのが良い息抜きになっていたように思う」と、竹鶴威は正直に話している。

霞を食べて生きているといわれる、3代目マスターブレンダーとしては「おいおい」と言わざるを得ない。節制は自分の趣味ですから、と言うしかない。一代かぎりにした方が、円満に収まりそうである。

もちろん決め事ではないので、節制の強制はできない。個人の食生活まで干渉すれば、今ではパワハラになる。家庭生活を乱すことにもなる。各人の姿勢次第。官能力とのからみは不明である。竹鶴威は喫煙と禁煙を繰り返していたような記憶がある。

ある時、妻に私の節制の話をした。反応は厳しかった。「あなただけでなく、私も節制していた。香りの強い香水や化粧品も控えていた」という。

本人も、もともと強い香りは好まなかったのが幸いだった。それ以来大きな顔で言えなくなった。

◈ブレンダーとの交流

２００５（平成17）年4月、イギリス・ロンドンで行われているＩＳＣ（インターナショナル・スピリッツ・チャレンジ）の審査員への参加要請があり、承諾した。

審査員はスコッチウイスキーやアイリッシュ、バーボンのマスターブレンダー、マスターディステラーという専門家に限定していることを謳い文句にしている。

日本からはすでに、サントリー社の輿水チーフブレンダーが名を連ねていた。さらに日本からということで、ニッカのマスターブレンダーの私が打診されたわけである。

日本のウイスキーも審査対象になっている。当時は基本的に五大ウイスキーに限定しているが、さらにインドウイスキーなどにも触手を広げていくつもりと聞いた。それまで、いわゆるマスターブレンダーとはあまり接触はなかったが、断る理由もないので審査員を応諾した。

審査の詳細については後述することにして、まずブレンダー同士の交流を記しておこう。審査員はすべて、ウイスキーの世界で活躍している、企業を代表するマスタークラスの人物である。数名は既知であったので、少し気分が落ち着く。他は初めてで、動向探りから始まる。まずお互いの官能

継承すべきもの

ウイスキーのことを知れば知るほど、風土や気候、水などの条件が絶対であること、いや風土そのものがウイスキーをつくるという思想がわかり始めてきた。

（講習会資料より）

力を推測していく。

体は大きく、鼻も大きい、政孝さんなら鼻の大きさは負けなかっただろう。大きさではないという意識でやるしかない。

さすがウイスキー鑑定のプロとして、個々のサンプルの採点について、あまりバラツキは出ない。ただし、低い評価のものは、個人的に差がつくことがあった。厳しくつける者と余り低くつけない者に分かれる。どちらかというと、私は厳しくつけるようにしている。私の判定基準からみて、おかしいと思うものは厳しくつける。それが他の審査員にも刺激を与えるし、こちらの審査態度を評価してくる。

審査員はお互い、親しくファーストネームでやりとりしている。私も「シゲオ」で呼ばれて、納得する。いずれも業界を代表する立場の人間であるが、気の置けない雰囲気の紳士である。

審査は厳しく、それ以外はフランクに話している。雰囲気は気まずくなく、なじめる中で審査が進んだ。情報交換や冗談も言い合っているが、こちらは詳しくわからないから、適当に合わせていく。いずれにしても笑顔が不可欠だ。苦笑いではなく、前向きの笑顔で応対する。

3日間かけて約300サンプルを区分けし、20点法で評価していった。金、銀、銅、その他に分けて評価し、最終的に金賞クラスを集めて、トロフィー（最優秀品）を選んで終わった。

これ以降、4年間にわたり審査員を務めた。スコッチウイスキーや他のブレンダーとの共同作業を通した交流は、視野を広げるいい機会であった。今でも、気楽に「やあ、元気？」と言えることは、ありがたい経験であった。後輩に気兼ねなく引き継げる記憶となっている。

COLUMN

世界のブレンダーと出会う

2005年からISCへ参加

ISC（International Spirits Challenge）は、2022（令和4）年に27年目を迎える、イギリスで毎年行われるコンペティション。英国の酒類専門出版社「ドリンクス・インターナショナル」の主催。ウイスキー、ブランデー、ラム、ホワイトスピリッツ、リキュール部門に分かれて行われる。

ウイスキー部門では世界のウイスキー蒸溜所のマスターブレンダー、チーフブレンダー、マスターディスティラー約12名がブラインドで審査する権威ある品評会である。

当初はスコッチウイスキーだけを評価していた。その後、対象を広げて世界のウイスキーまで取り込んでいる。当然審査員もスコッチ業界だけでなく、他の国からの参加を要請することになる。2005年より、私も要請があり参加することになった。

2005年　Icons of whisky 特別賞

ISC 審査会場　2005年4月

2005年の審査員構成

審査委員長	
Ian Grieve	元Diageo の Master Blender（Johnnie Walker 担当）
審査員	
John Ramsay	Edrington Group（Highland Distillers を含むグループ）の Master Blender
Jim Cryle	Chivas の Master Distiller　この4月に退職したが、引き続き Brand Ambassador として働く
Jim McEwan	Bruichladdich の Production Director 独立志向（若い時 Bowmore で長年勤務） 若い時 Bowmore に行ったときに会っている。 そのあとライブなどで何回も会っている 私をISC審査員に薦めてくれた人物。
Richard Paterson	White & Mackay Master Blender 口ヒゲの似合う明るいテイスティングパフォーマーで有名。スコッチブレンダーとして世界の顔である。私は初めてスコットランドに研修に行ったとき、色々案内を受けた。以来40年以上の親交を続ける仲である。
David Stewert	William Grants
Jim Beveridge	Diageo Master of Blending, Johnnie Walker 担当
Robert Hicks	Allied Domeque：バランタインの顔で有名
Jimmy Russell	Wild Turkey の Master Distiller　バーボンの顔として有名
Barry Walsh	元Irish Distillers の Master Blender
Billy Leighton	Irish Distillers の Chief Blender
輿水　精一	サントリー　チーフブレンダー　私とは懇意の仲
佐藤　茂生	ニッカ　マスターブレンダー

左から Jim Cryle、佐藤、Jim Beveridge、Richrad Paterson　2001年1月

パリ　ウイスキーイベント　2005年

第13章　まとめ

◆ウイスキーと風土性

酒の風土性、地域性はどこに求められるか。

まずは、特産原料。果物はその典型であり、ワインが風土性の強い酒となる。

穀物ではどうか。地域性はそれほど求められない。

保存性がいいので、移動が可能である。そのため地域性や季節性が希薄となり、風土性が弱まる。ビールはその典型である。

クラフトビールは対抗して地域性を求めている。

それでは、蒸溜酒の場合はどうか。ブランデーは果物原料ということで、地域性を求めることができる。

穀物を原料とするウイスキーのような蒸溜酒は、特定の環境においてつくることで、風土性を形成するといえる。

そこで重要な環境要素は水、空気、気温などの特殊性である。

スコッチしかり、バーボンしかり、そしてニッカは日本の北ということで風土性を守る。

ウイスキーに風土性が必要か。答えはイエスであり、ノーでもある。

シングルモルトには風土性が求められ、ブレンデッドウイスキーには求められないと言えるのではないか。

シングルモルトの風土性とは、単一性（製造手段）、こだわり（地域性、製造性）、個性（味わい）である。

シングルカスクの地域性とは、単一性（貯蔵手段）、限定性（希少性）、濃厚性（味わい）である。

ブレンデッドウイスキーの都会性とは、調和性（時代嗜好）、価格性（手頃感）、差別性（安心感）である。

その中で、ブレンダーの役割は、シングルモルトの固有性とブレンデッドウイスキーの普遍性を具現化することといえる。時に原酒づくりに関与しながら、ブレンドを通して高く評価されるウイスキーを具現化することである。

それではシングルカスクの場合はどうか、ブレンドという行為はない。

必要なことは選別と保存といえる。

ニッカでは創業者の竹鶴政孝が選んだ余市、仙台宮城峡の風土性をシングルモルトに求め、シングルカスクの夢を広げる。

そして栃木にカフェグレーンの熟成を託し、ニッカの味わいをブレンデッドウイスキーで表現する。

ウイスキーの求めるもの

①樽 貯 蔵 酒：時間・風土性の取り込み
こだわり、思想の介入（文化性）

②ブレンド酒：バラツキ熟成の許容
原酒探し、組み合わせの工夫（創造性）

③ふさわしい原酒のあることが前提
人の知恵、熟成嗜好の追求（らしさ）

あとがき

日本はスコットランドとは全く異なる、南北に長い気候分布の環境にある。北はウイスキーづくり、南は焼酎づくりに適するということで、棲み分けがされてきた。そこには蒸留酒としての必然性がある。それを極め付けとして存在性を磨いてきた。

樽貯蔵熟成をゆりかごと見れば、強いゆれは眠りを妨げる。穏やかなゆれが、熟成に好ましいと判断してきた。

北の優位性は、低温気候。

時間をかけて熟成させられる。本溜液と一体化する熟成を狙う。

揮発性の成分が揮散しにくく凝縮されていくと判断している。

樽を自然な反応容器と見れば、強いゆれが熟成に思わぬ変化をもたらすことは想定される。

南の優位性は、高温気候。

樽の抽出効果や成分変化が早く出る。樽の影響が強く出る。

それを熟成とみれば短くて済む。

日本と捉えれば、そういう両面の環境にある。

きめ細かい土着性を求められる所以がある。

穀物を原料とするウイスキーはどこでもつくることができる。

その存在性に付加するものは何か、何を良しとしてつくるのか、時間を含めて夢が広がる。


21世紀に入り、世界的にウイスキーづくりがトライされている。

北も南も、西も東も、地域性は関係なく。しかし地域性を求めて試みられている。

日本でも、元々ウイスキーをつくっていたところ、新規に参入してきたところと、全国で銅製のポットスティルが息づいている。

ウイスキーづくりの新たな可能性が息づいている。

そこにブレンドがどのように絡んでいくのか楽しみである。


いうまでもなく、ウイスキーづくりは、ブレンダーだけでやれるものではない、その背景には多くの働く人がそれぞれの責任を果たし、積み重なった結果が独自の味わいとらしさをつくりだしていく。

熟成時間を考えると過去の先人の苦労の上で出来上がったものである。

仲介者という言葉がある。

ブレンダーはまさにウイスキーづくりの仲介者である。

過去と現在、さらに未来をつなげる、つくり手と飲み手をつなげる仲介者である。

本稿記載にあたり、ニッカ社として、当時マーケティング部長だった菱山高志さんから営業面での取り組みにつき実体や背景など教示いただいた。

製造部門では本社生産部との連携が品質づくりに不可欠である。時には強引なお願いをしたことにもこちらの意図を理解して好意的に対応してもらった。

余市にコストの高い新樽を入れることの決断がなければ、2001年のベスト・オブ・ザベスト(Best of The Best)の受賞はなかった。

杉浦忠司さん、佐藤学さんはじめ生産部スタッフの強い理解によって実現した。

杉本淳一さん、久光哲司さん、佐久間正さん、尾崎裕美さんの歴代チーフブレンダーを初めとしてスタッフがブレンダーとして風の味づくりを継承している。

本稿では触れなかったが、ウイスキーづくりも、地道な、研究、技術開発が基本となり、発展していく。ニッカでは、同時代としては、田辺正行さん、細井健二さん、鰐川彰さんら、それに続くスタッフが新たな課題に挑戦し続けている。

政孝さんも品質を第一にしろ。酒づくりは科学である。科学者精神を持って仕事に当たることが大切であると述べていた。(『琥珀色の夢をみる』松尾秀助)

出版にあたり、校正、編集に尽力戴いたアイワード社の竹島正紀さん、リテラクルーズ社の伊藤哲也さんに感謝いたします。
また桑名のふるかわ屋の松田英巳さんには期待感をこめた助言をいただき具現化したものです。

効率、迅速と相対する、風の味は人知をくすぐる達観である。

2023（令和5）年5月

佐藤茂生

政孝・リタの墓にて（余市美園の丘）

■ 著者略歴
佐藤茂生（さとう しげお）
1946（昭和21）年　京都市に生まれる
1969（昭和44）年　京都大学農学部卒業
同年4月　ニッカウヰスキー（株）入社
1997（平成9）年　ニッカウヰスキー第3代マスターブレンダー就任
現在　ニッカウヰスキー（株）顧問

■ 写真提供：ニッカウヰスキー株式会社

■ 撮影協力：余市町 スナック シュール
札幌市 THE NIKKA BAR

ウイスキーと風の味

2023（令和5）年6月14日　第1刷発行
2023（令和5）年9月18日　第3刷発行

著　者：佐藤茂生
発行元：株式会社 共同文化社
060-0033 札幌市中央区北3条東5丁目
Tel.011-251-8078 Fax.011-232-8228
https://www.kyodo-bunkasha.net/
撮　影：スタジオ ウィズ（一部）

印刷・製本：株式会社 アイワード

ISBN978-4-87739-385-4

共同文化社の本

おいしく　つくろうよ　東海林　明子　著
A4変型判二五〇㎜×二一〇㎜
八四頁・定価一四三〇円

赤いテラスのカフェから
フランスとアイヌの人々をつなぐ思索の旅　加藤　利器　著
A5判二一〇㎜×一四八㎜
一八四頁・定価一九八〇円

「有珠学」紹介手帖　大島　俊之　著
新書判一七三㎜×一一〇㎜
一八六頁・定価一三二〇円

存在の淋しさ
有島武郎読書ノート　梅田　滋　著
A5判二一〇㎜×一四八㎜
四七二頁・定価二二〇〇円

写真集　キツツキの世界　内海　千樫　著
A4判・二一〇㎜×二九七㎜
一一二頁・定価三〇八〇円

〈価格は消費税10％を含む〉